U0047887

AI入門書

眠れなくなるほど面白い図解 AIとテクノロジーの話

看圖就懂的AI應用實作

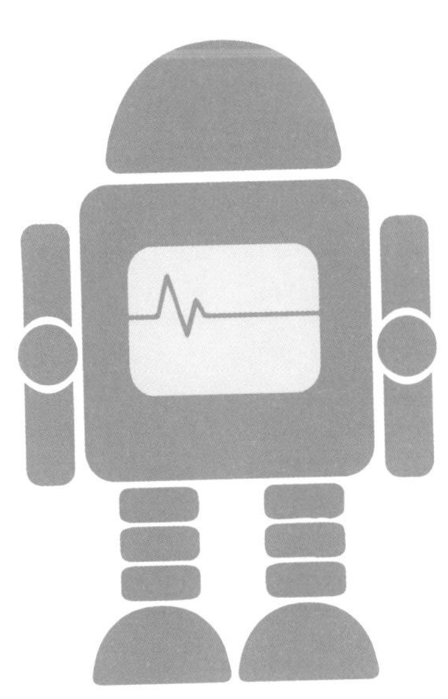

日本數位遊戲學會理事、人工智慧學會總編輯委員
三宅陽一郎 監修
臺灣大學資訊工程學系教授
張智星 審訂 / 衛宮紘 譯

序言

1975年到1995年，是世界導入電腦的時代；1995年到2015年，是網路普及全世界的時代；2015年到2035年，是世界盛行人工智慧（AI）的時代。本書是為了迎接人工智慧蓬勃發展時代的入門讀物，簡述人工智慧改變社會的重點，期望各位帶著本書走上新的時代。

人工智慧可說是人類智能的延長。如同電腦、軟體、網際網路，理解人工智慧並且自在運用，能夠大幅增加自己的智能活動。熟練使用人工智慧，可讓個人的智能生活變得更加多姿多采。

人工智慧並不是靠單一萬能的人工智慧技術改變一切，各種問題對應獨立的人工智慧解決方案，存在許多人工智慧改變社會的不同重點。本書會在左右兩頁中，以直觀的圖示與闡述本質的文章說明各項重點，讓讀者能夠在短時間內理解。許多人都對人工智慧抱有誤會，即便它在某一方面凌駕於人類之上，比如圍棋等技藝，

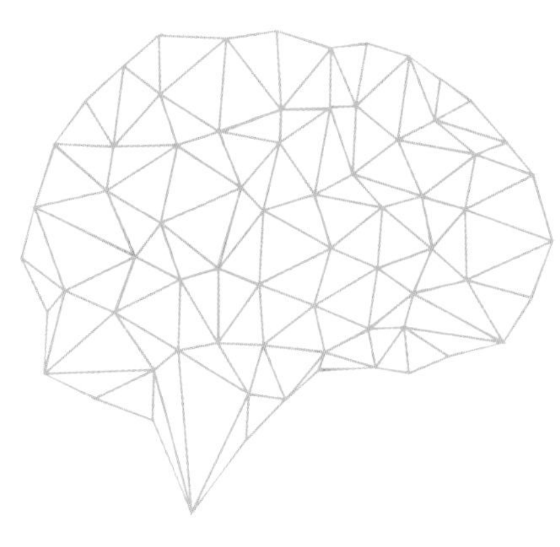

也不意味能夠馬上在其他方面勝過人類。人工智慧會隨著問題不斷進化，但這個進化是形形色色的，凌駕人類的圍棋ＡＩ沒辦法下將棋，判別圖像的ＡＩ沒辦法閱讀文章。當內心有各種疑問，建議翻閱本書目錄，從自己想知道的問題讀起，體會人工智慧在各地方發展的整體樣貌。

如同過往的科技，端看使用者的心態，人工智慧可往好或者不好的方向發展。現在的人工智慧，需要人類提示「問題以及解決方向」。給予哪種提示決定了人工智慧如何發展，而發展的方向取決於人類的願景。期望讀者在閱讀本書的同時，也能描繪一個美好的未來夢想。

三宅　陽一郎

目錄

第2章 時至今日！AI的進化與改變的生活……31

目錄

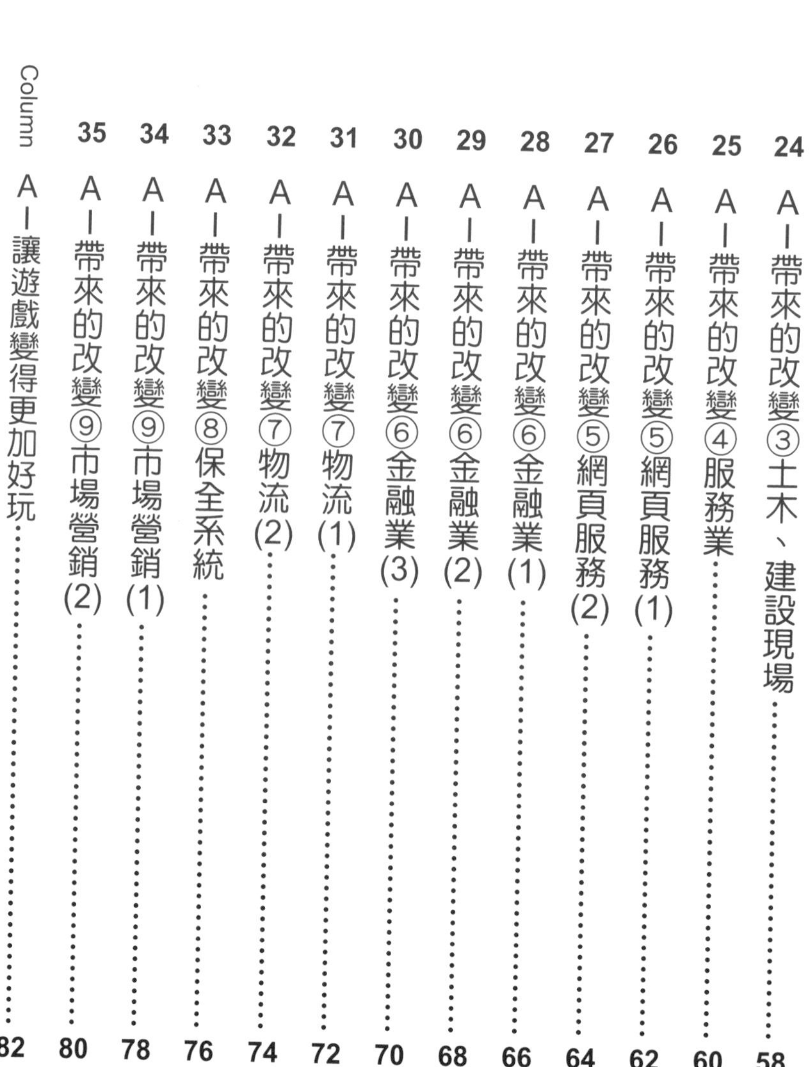

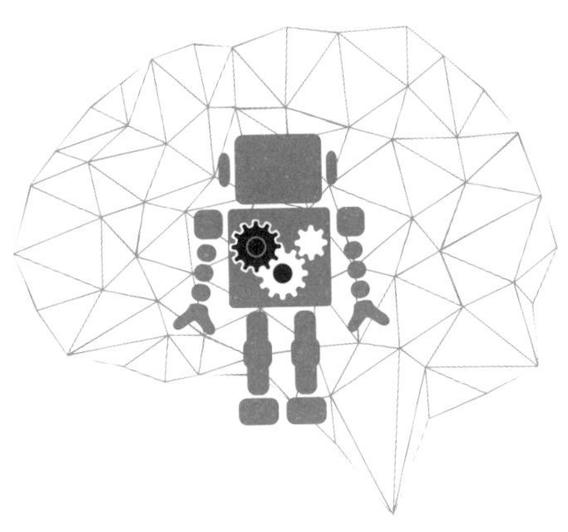

第3章 科技的進化與改變的生活……83

目錄

第4章 科技的前景、問題點與未來 …… 111

第1章

身邊常見的AI與最新科技

機器人讓人能就近感受AI的存在

擁有情感的機器人才是寄託未來的夢想之始

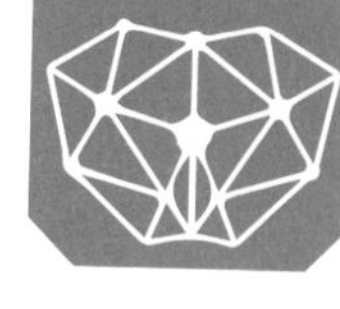

「AI（人工智慧）＝機器人」應該不少人都有這樣的印象。

在1950年出版科幻界巨匠以撒・艾西莫夫（Isaac Asimov）的《機械公敵》（*I, Robot*）中，就已經出現機器人對人類應該遵守的行動規範。再加上日本國內科幻小說、漫畫、動畫的文化興盛，跟全世界相比，應該許多日本人都相信，人型機器人（android）將會成為我們的朋友、支持我們的生活吧。

2003年，日本發表了酷似人類女性的人型機器人；2005年「愛知世界博覽會」上，實際使用了**接待機器人「ACTROID」**。透過AI與聲音辨識技術進行簡易的對話，並且運用感測器帶出情感、行動，堪稱劃時代的機器人亮相。

2014年，SoftBank（日本軟銀集團）發表雲端AI與搭載情感表達引擎的**AI機器人「Pepper」**。這兩者可說是大家最為熟悉的AI機器人了。2015年，除了販售法人的產品，個人也可購入自己的Pepper，現在世界各地都可看見Pepper的蹤影。後來，日本國內**陸續推出同樣搭載雲端AI的家庭用小型機器人**。

不過，遺憾的是，目前尚未誕生能夠跟人類成為朋友的AI機器人。最近也出現許多關於機器人形狀的議論，但即便如此，我們仍舊想要相信，不久的將來會誕生出人類夢想中的機器人。

機器人的發展歷史

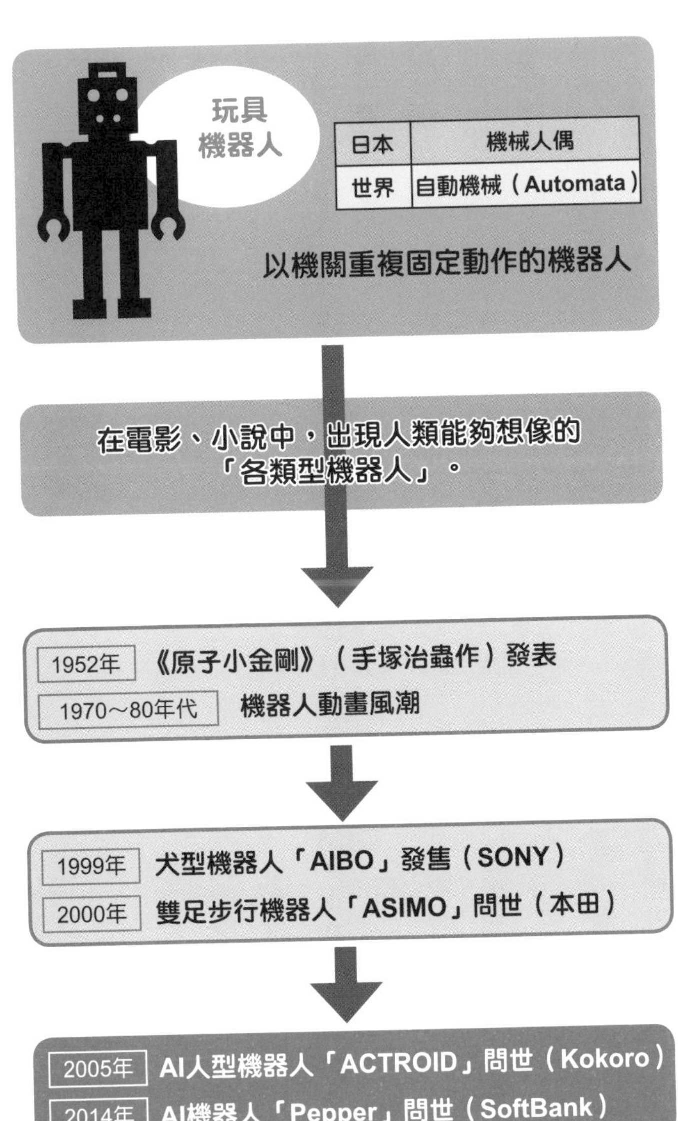
玩具
機器人
日本 機械人偶
世界 自動機械（Automata）
以機關重複固定動作的機器人
在電影、小說中，出現人類能夠想像的
「各類型機器人」。
1952年 《原子小金剛》（手塚治蟲作）發表
1970～80年代 機器人動畫風潮
1999年 犬型機器人「AIBO」發售（SONY）
2000年 雙足步行機器人「ASIMO」問世（本田）
2005年 AI人型機器人「ACTROID」問世（Kokoro）
2014年 AI機器人「Pepper」問世（SoftBank）

搭載ＡＩ的無人機自動配送貨物

除了拍攝之外的無人機最新情況

活用汽車自動駕駛、小型**無人機（drone）**等次世代技術，物流業界迎接大改革時期。其中，無人機被期待**運用於量測、空中拍攝、災害救助、物資搬運等各種用途**。

無人機配送是將貨物裝入本體的收納箱，透過無人機飛行抵達目的地，以配送自動化、縮短配送時間等解決人手不足等問題。另外，新參與的成本比過往方法還要便宜，可以想見相互競爭帶來業界活化。

然而，無人機並不是只有好處。無人機需要設置專用起降基地的**無人機停機坪（drone port）**，而且無人機屬於飛機的一種，**受限於航空法的規範**等，距離實現自動配送，還有好幾道高牆需要跨越。

根據日本現有航空法，無人機需在操作者、輔助者目視機體的情況下才能夠飛行。因此，無法實現將貨物運送至遠方的無人機配送。有鑑於此，日本國土交通省在２０１８年９月修改航空法飛行承認的許可要領，僅第三者（當事人以外的人）進入危險性較少的離島、山區等，允許目視外飛行。

另外，目前已經展開無人機配送的實證試驗，包括人口稀疏地的購物、災害時的物資運送等，朝著實用方面邁進了一大步。

隨著今後感測器的高性能化、ＡＩ的搭載、圖像辨識技術、深度學習的強化，有可能實現目視外的完全自律飛行。

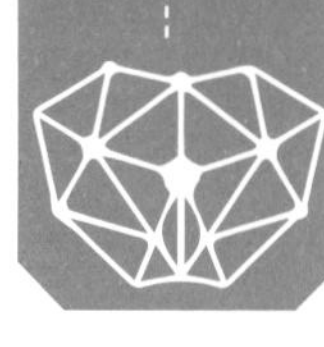

適用多種用途的無人機

無人機被期待運用於各種場合

什麼是無人機配送？

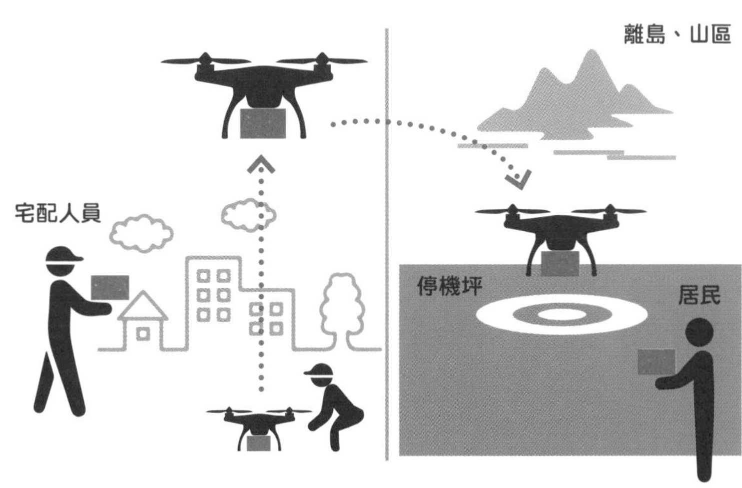

透過無人機空運貨物
（目前僅適用離島以及山區）

運用AI與深度學習提高搜尋精確率

搜尋網站的背後是如何運作？

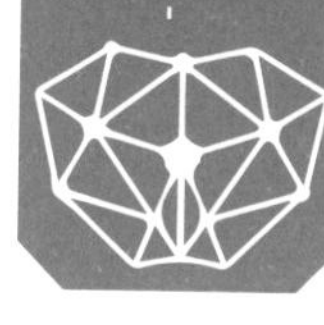

搜尋資料時，不可欠缺網際網路。最知名的Google搜尋是以什麼樣的機制構成的呢？

我們在Google輸入關鍵字，馬上就會顯示搜尋結果。乍看之下，這好像是調查各個網頁的搜尋結果，但實際上不是這麼一回事。

以同間公司提供的Google地圖來說明，會比較容易理解。當我們輸入住址、建築名稱，會顯示地圖、周邊的街景（Street View），但這些是Google街景車事先到處拍攝，整理各種資訊後的成果。多虧如此，我們才能輸入住址、建築名稱，就瞬間顯示相關資訊。搜尋也是同樣的道理，先以爬蟲程式取得網頁資訊加以整理，**使用一連串演算法分析搜尋關鍵字與使用者點擊資訊構成排名系統**，再藉此瞬間顯示有用的搜尋結果。演算法有許多種類，其中**RankBrain運用了深度學習（參見44頁）與AI**。即便輸入含糊的關鍵字，RankBrain也能夠預測想要尋求的資訊，並且透過學習排序法提高精確率。

另外，即便是Google搜尋紀錄不多的冷僻關鍵字，RankBrain也會思考輸入者需要什麼，推薦近似的關鍵字進行搜尋。因此，我們愈是搜尋，RankBrain會變得愈加聰明。

在搜尋之前取得、整理資訊

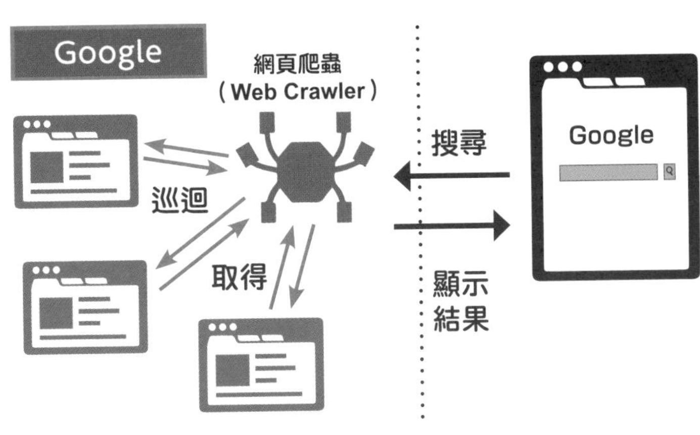

先以網頁爬蟲程式巡迴網頁，
整理保存取得的資訊

運用深度學習與AI的RankBrain

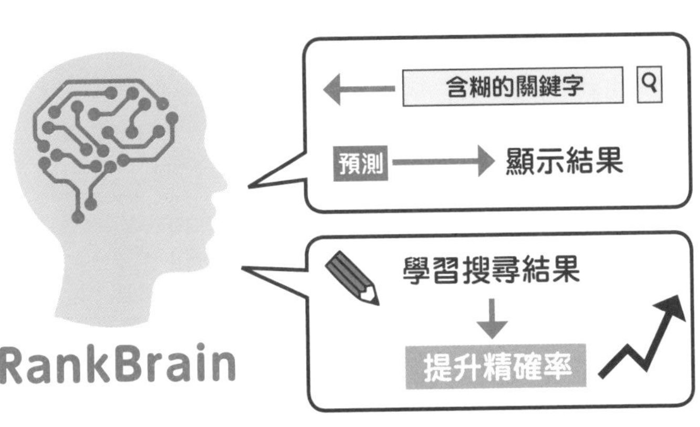

運用深度學習與AI提升搜尋結果的精確率

SONY與計程車公司的AI叫車服務

預計推行正式的計程車叫車服務

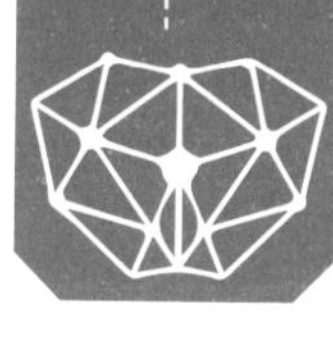

Sony、Sony支付服務與7家計程車公司，在2018年5月設立計程車相關服務事業準公司**「大家的計程車股份有限公司」**（みんなのタクシー株式会社），在Sony、Sony支付服務與5家計程車公司合意下，同年9月移轉為事業公司。**大家的計程車**是利用Sony持有的AI技術、成像與感測技術（Imaging & Sensing）等，預定展開計程車的供需預測服務、叫車服務、車費代收服務、後座廣告事業等。

5家計程車公司以東京都內為中心推廣服務，擁有最大規模（1萬台以上）的計程車輛。雖然彼此為競爭企業，但期望透過這項服務來提高承載效率。

此服務的誕生是因為人手嚴重不足、人才高齡化以及計程車業界的結構性問題。利用計程車的地方多為車站、機場等候車處，但空車運行的計程車何時何地都能搭乘。計程車公司需要盡可能高效率找出乘客，提供乘載服務，但需求與供給未必總是一致。

過去在尋找乘客時，大多需要仰賴老手司機的經驗。而這項服務則是將核心部分——供需預測、叫車服務交由AI處理。

比如，在智慧型手機的叫車App輸入乘車地點與目的地後，AI就會安排最靠近乘車地點的計程車前往。這**對計程車司機與乘客雙方可說是，具有巨大利益的服務**。

計程車業界的課題

運用AI的叫車服務

叫車App的例子

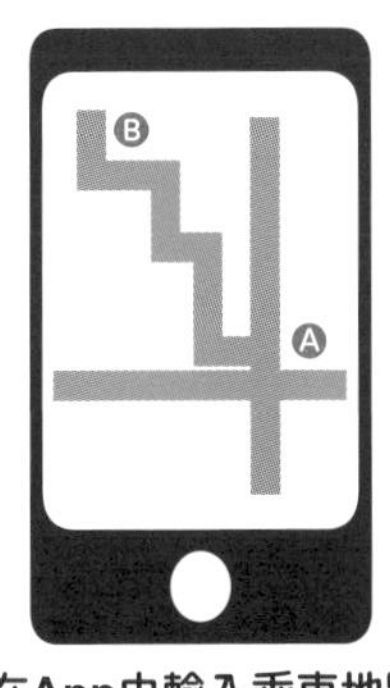

在App中輸入乘車地點（Ⓐ）、目的地（Ⓑ）

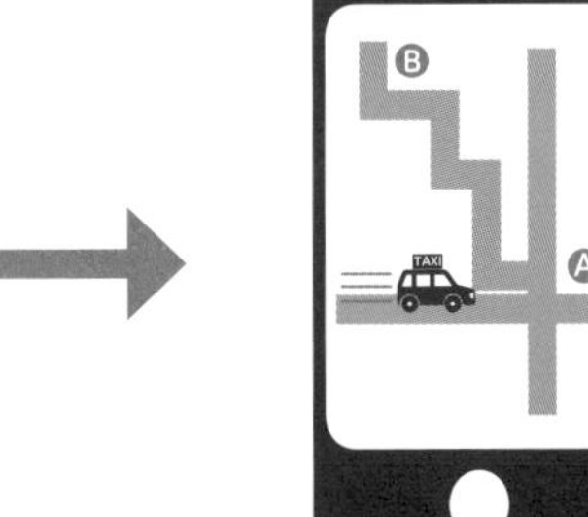

AI安排最接近乘車地點（Ⓐ）的計程車前往

自動駕駛技術的落實關鍵在於3D成像與感測技術

以AI與3D感測技術判定物體的位置

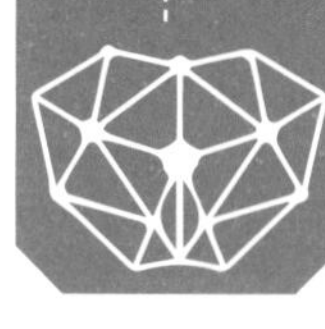

近年，汽車業界**自動駕駛技術**的進步尤其顯著。汽車廠商不用說，Tesla（特斯拉）、Apple、Google等各大企業紛紛參與，研究開發如火如荼展開。

自動駕駛的基本機制跟人類駕駛幾乎相同。駕駛人根據前後左右的視角資訊判斷如何駕駛，進行採油門、煞車、變換車道等行為。而自動駕駛則是根據感測器的資訊，**由汽車搭載的電腦（AI）判斷如何駕駛，自動進行加速、減速、轉動方向盤等動作**。

其中，「感測器」相當於人類眼睛用來掌握周遭狀況，所以非常重要。根據不同用途使用的電波、超音波感測器，尤其是現在**光學雷達（LiDAR）的感測器技術備受矚目**。

這是「Light Detection and Ranging」的略稱，以雷射光即時立體地掌握物體的距離與所在方向。**它能夠透過短波長正確量測與分析三維形狀**，掌握前方的對象物是什麼，若是人類則踩剎車、若是汽車則變換車道等，藉此做出準確的判斷，讓自動駕駛的安全性更加確實。

除了汽車，光學雷達也運用於工廠的揀貨機器人、保全系統、無人機等，各家企業競爭激烈，朝向低成本化發展。

自動駕駛的機制

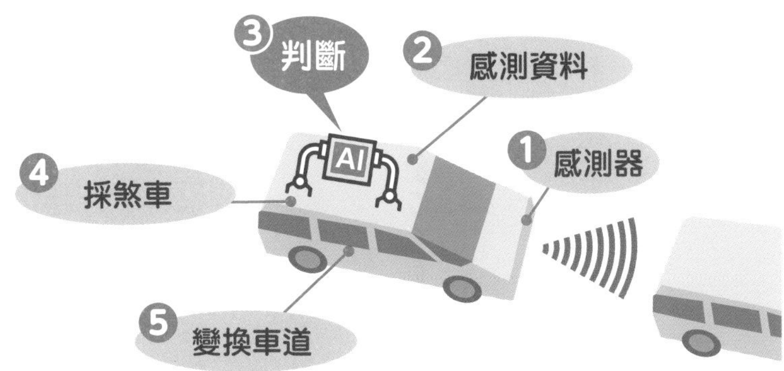

電腦根據感測器的資訊
自動駕駛

掌握安全性關鍵的感測器

透過感測器掌握周遭環境、
自車位置等

運用MR（混合實境）管理建築現場

眼前出現超越AR、VR技術的景象？

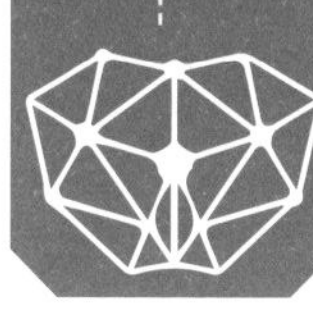

在很長的一段時間裡，電腦、CG（電腦圖形學）、電視遊戲的畫面被認為跟現實世界有著根本上的不同。然而，近年AR、VR、MR等技術急速開發，逐漸開拓出新的世界。

AR為擴增實境，在智慧型手機鏡頭捕捉的現實世界中，重疊CG角色等顯示於螢幕上。比如，眾所皆知的遊戲App《Pokemon GO》。

VR為虛擬實境，穿上頭戴顯示裝置投入虛擬世界，體驗身如其境的感覺。比如，知名的Sony PlayStation VR等。

MR則結合了AR、VR的優點，稱為混合實境。穿戴MR眼鏡後，透過搭載的相機觀看現實世界的同時，也會看到CG的虛擬世界，並且能夠使用感測器等拉近、用手操作CG。**代表的例子有Microsoft的HoloLens**，其特徵為多人穿戴後，全員能夠觀看同一個3D全像投影來進行討論。

比如，在建築方面，能夠事前確認大樓的完成意象；在建設現場，能夠重疊3D設計圖來進行討論，提升作業人員之間的溝通、作業效率。另外，在博物館，能夠展示實物大小的恐龍等全像投影，讓觀眾瞭解實際大小、質感、內部構造等，獲得不同以往的全新體驗。

AR、VR、MR的不同

AR = Augmented Reality
擴增實境

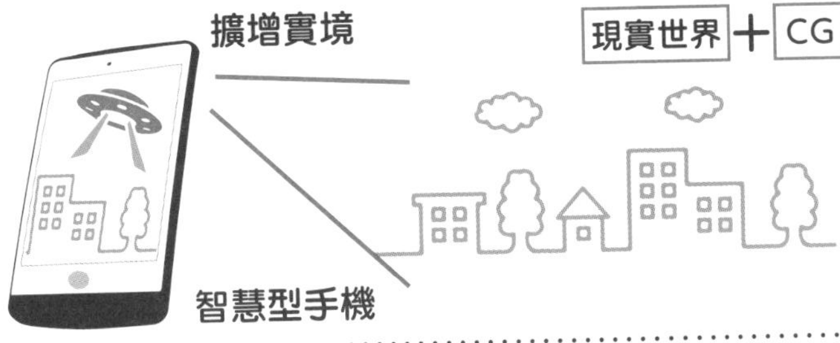

VR = Virtual Reality
虛擬實境

MR = Mixed Reality
混合實境

3D全像投影（完成預定的CG）

全數連接網路的ＩｏＴ最新情況

現在無人不曉的基本科技

ＩｏＴ（ＩｏＴ：Internet of Things）是指感測器等各種物體連接網路，收發資訊以控制裝置的機制。

ＩｏＴ知名的例子有**搭載對話型ＡＩ助理的智慧音箱**。因搭載的感測器、通訊機能等裝置（電子機器）低價格化，ＩｏＴ迅速滲透工廠、大樓、醫療領域到觀光景點等各處。

在觀光景點，運用公共腳踏車上搭載的感測器等，於螢幕上顯示位置資訊，監護觀光客的移動。然後，在店家的垃圾箱安裝感測器，垃圾超過一定量時通知智慧型手機，安排業者前往回收的實證試驗也取得良好的成果。

在照護領域，有下腹部穿上感測器的排泄預知穿戴式裝置。這是以超音波量測膀胱的膨脹程度，發送訊息到專用Ａｐｐ，分析幾分鐘後將會排泄的裝置。這項裝置會通知本人、照護負責人的智慧型手機，有助於進行排泄照護。

排泄預知穿戴式裝置可說是健康管理的一部分，這樣的健康意識除了人類，也在寵物世界流行起來。

貓用智慧廁所（System Toilet）搭載體重感測器、尿液感測器等，分析貓咪的體重、尿量、次數等健康資料，實現在智慧型手機上監控的服務。

如同上述，ＩｏＴ在看似不顯眼的地方默默發揮作用——或許這樣的功用正是它的真本領吧。

IoT的活用例子

公共腳踏車

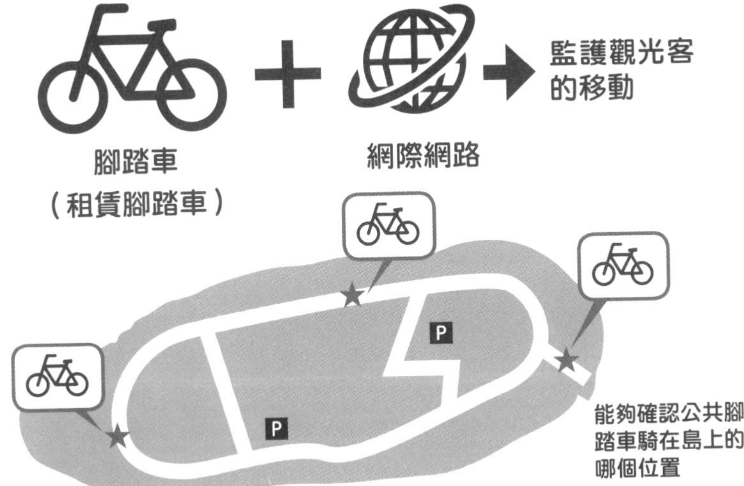

排泄照護

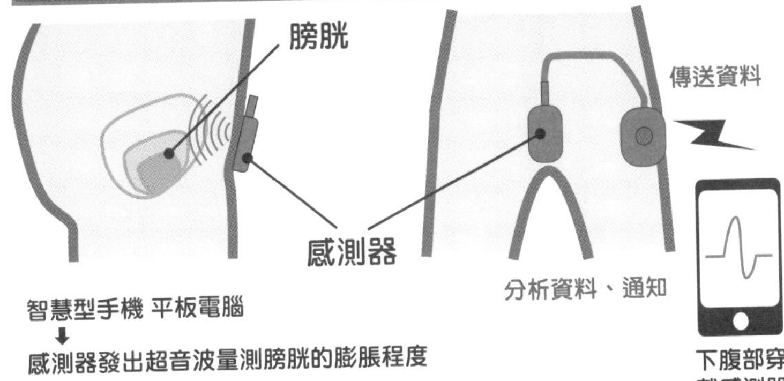

智慧型手機 平板電腦
⬇
感測器發出超音波量測膀胱的膨脹程度
⬇
將取得的資料發送至智慧型手機
⬇
分析資料，通知幾分鐘後將進行排尿

實現促進自力排泄與提高排泄照護的效率

圖像解析的進步強化臉部辨識的安全性

銀行也正式導入臉部辨識技術

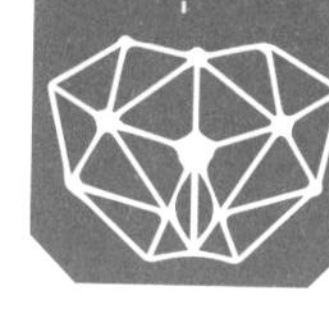

隨著個人電腦、智慧型手機的普及，連接網際網路變得理所當然，因而也浮現出駭客入侵、密碼與個人資料外洩等問題。於是，愈來愈多地方**採用依靠本人的指紋、瞳孔虹膜、臉部影像等身體特徵的「生物識別」**。

其中，**臉部辨識技術**已經運用於購買演唱會門票、登入日商瑞穗銀行（Mizuho Bank）等的網路銀行。跟指紋、虹膜不同，不需要專用裝置或者利用者的特殊操作。一般用於判別對象，對心理上的負擔較少。與ID卡片不同，能夠防止借用冒充等不正當行為，這些都是臉部辨識的優點。

過去，曾因臉部方向、表情、照明、有無眼鏡等不同，而無法判別為同一人物。然而，透過**導入深度學習與AI的圖像辨識技術**，飛躍性地提高了臉部辨識的精確率。

臉部辨識可大致分為**「臉部偵測」與「臉部比對」兩項**。臉部偵測時，需要從圖像中找出人臉範圍，偵測眼、鼻、口等面貌特徵，判斷這些特徵的所在位置，然後由其位置判斷人臉範圍、大小。接著，從龐大的資料庫中搜尋具有相似特徵的圖像，進行臉部比對。

臉部辨識技術的精確率極高，錯誤對照的機率不到1成。不久的將來，我們可能只需要「靠臉」就能購物、用餐。

什麼是生物辨識？

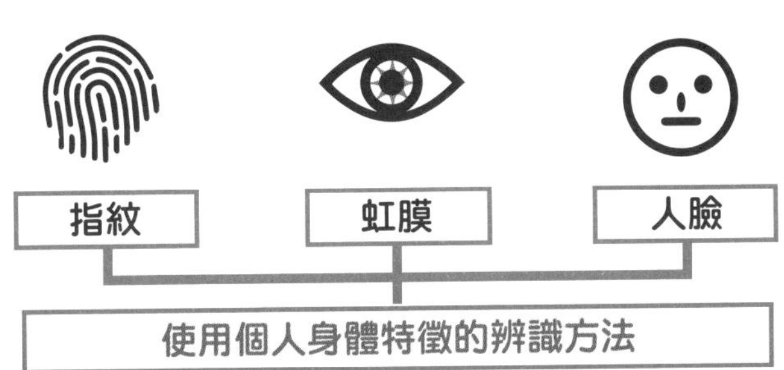

運用深度學習與AI的臉部辨識

❶

❷
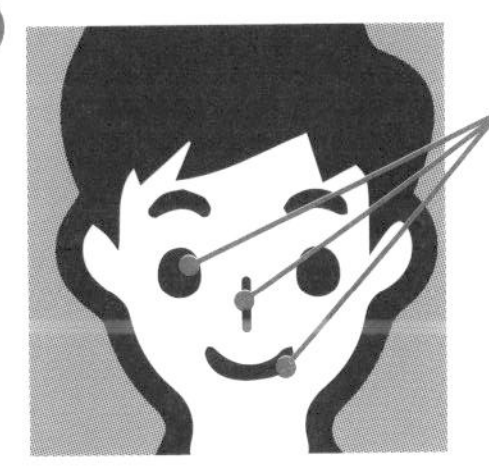

❸

從資料庫尋找特徵相似的圖像進行對照

以簽帳金融卡＆QR碼取代現金

直接連結主要銀行核心系統的最新結帳系統

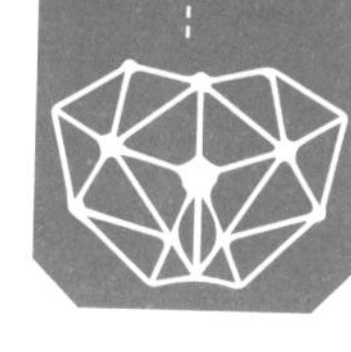

2001年問世的**JR非接觸型IC卡系統「Suica」**，加速了日本國內無現金交易。2007年導入**首都圈與關東圈私鐵巴士使用的「PASMO」、7-11的「nanaco」**，除了信用卡，將現金儲值於卡片的預付方式逐漸滲透社會。

再來，雖然需要信用卡，但2010年智**慧型手機正式導入「おサイフケータイ（電子錢包）」**。iD、Edy只需感應就能結帳，近年**Apple Pay**也逐漸廣為人知。拜這類技術發展之賜，即便身上沒帶現金也能出門購物。

現在備受矚目的**結帳方式有「簽帳金融卡」與「QR碼」**。

簽帳金融卡在2018年後才逐漸提升為人所認識。這個機制是24小時365天連接銀行系統，結帳時直接從自身帳戶扣款。因為不需像信用卡證明財務信用，未成年也能夠申辦、不會有卡債問題等方面受到關注。

另一個是**QR碼**。雖然日本國內1999年後才在手機上廣為使用，但「支付寶」等在中國已經發展到堪稱基礎建設的程度。QR碼加速擴展的優勢在於，讀取裝置的設置成本遠低於以往的信用卡，能夠快速導入各家店鋪。日本國內也陸續提供「樂天Pay」「LINE Pay」「d払い（日本電信公司docomo）」等服務。

簽帳金融卡的機制

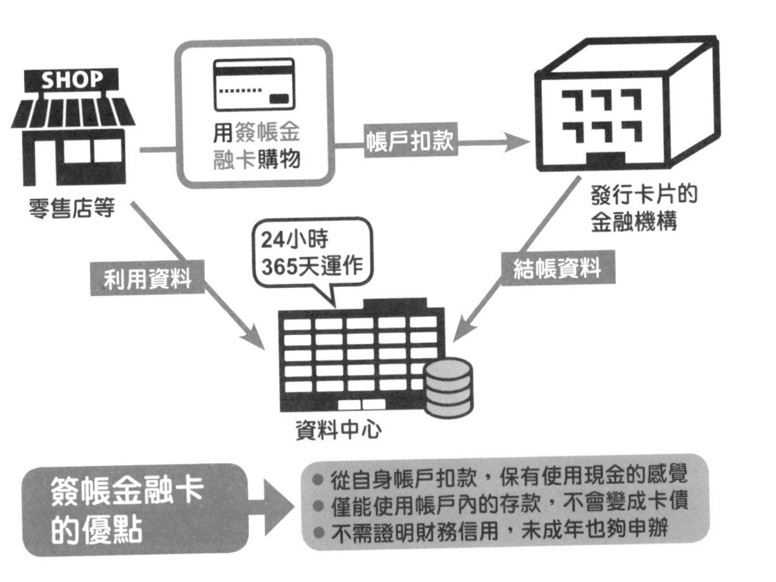

簽帳金融卡的優點

- 從自身帳戶扣款，保有使用現金的感覺
- 僅能使用帳戶內的存款，不會變成卡債
- 不需證明財務信用，未成年也夠申辦

QR碼的結帳方式

用智慧型手機App生成 or 用智慧型手機讀取

用智慧型手機App生成QR碼，以店鋪設置的裝置讀取結帳

店鋪收銀台出示固定的QR碼，用智慧型手機讀取結帳

QR碼的優點

- 導入店鋪的成本低廉
- 各大商家紛紛參與，可使用的場所增加

超高速運算的量子電腦問世

次世代電腦將會更快速

由於電腦、智慧型手機、IoT等裝置，我們過著比以前更依賴網路的生活。而且，我們利用網路的足跡會成為大數據供AI解析，資料量呈現爆發性增長。

另外，還有超級電腦也難以計算的天氣預報、天文學現象，想要解決這些問題，專家認為僅加速現在的電腦是不夠的。於是，**根據量子力學原理作成「量子電腦」**備受關注。

過往的電腦是以0與1的組合呈現資訊，稱為**「位元」**。位元就像是裝入0或者1的箱子，1個位元僅能裝進0或者1其中一個資訊。然而，**量子電腦使用超導電路，透過將電路冷卻至零下273℃運作**，實現同時呈現0與1（重疊）的量子位元。

換言之，1量子位元變成裝入2個資訊。1量子位元處理2個資訊，50量子位元就能一次處理2的50次方個資訊。若是過往的位元，1位元處理1個資訊，50位元僅能一次處理50個資訊。因此，過往的超級電腦需要花費好幾年的運算，量子電腦能夠一瞬間完成，極有可能解開未知的難題。

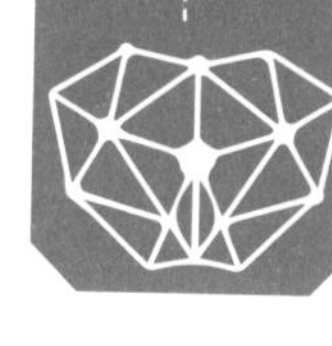

過往電腦的問題點

爆發性增長的大數據

即便是過往的超級電腦也處理不來

僅加速過往的技術是不夠的

什麼是量子電腦？

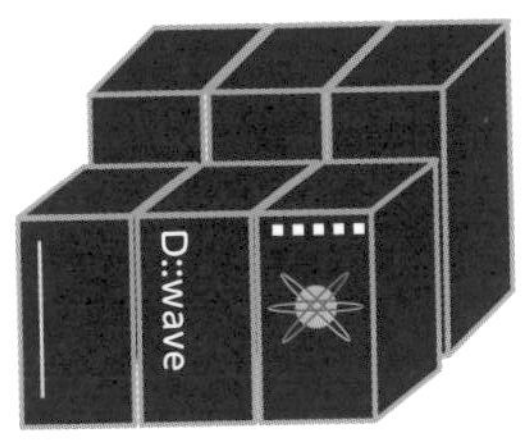

根據量子力學作成的電腦

過往的電腦「位元」

1位元 ＝ 箱中裝入0或者1

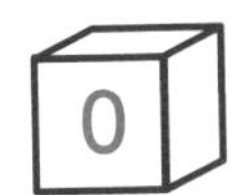

1位元＝1個資訊
50位元＝50個資訊

量子電腦「量子位元」

1量子位元 ＝ 1個箱子裝入2個資訊

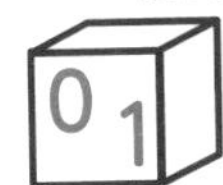

1量子位元＝2個資訊
50量子位元＝2^{50}〔2的50次方〕個資訊

相較於過往的電腦，量子電腦能夠一次處理大量資訊

Column

AI的作畫競標價格破1300萬新台幣！？

在2018年10月25號美國紐約舉辦的拍賣會上，史上首次「拍賣AI畫作」的新聞引起軒然大波。光是AI的畫作就已經令人驚訝，競標價格竟然高達43萬2500美元（約1342萬台幣），一時蔚為話題。

AI描繪的肖像畫作〈Edmond De Belamy〉輪廓模糊，跟當代藝術截然不同。

此作畫AI是由法國團隊「Obvi-ous」製作，用兩種運算法解析過去各年代共1萬5000張的肖像畫形象，最後完成了這項作品。

這個讓AI作畫的嘗試有各方人馬、組織參與其中。AI創作品的著作權問題尚在爭論當中，拍賣會的高額得標也會影響今後的動作吧。

不過，專家認為這次的高額價格是由於首次嘗試的稀有性，即便今後出現其他效仿者，也極有可能無法構成拍賣。所以，我們應該要做的是期待AI的可能性，朝著使用藝術豐富生活的方向發展。

第2章

時至今日！AI的進化與改變的生活

19～20世紀的科技發展史

從發明電力到電腦普及

我們的日常生活不可欠缺用來維持生活、生命的「維生管線（Lifeline）」。這個維生管線包括電力、瓦斯、自來水、通訊、運輸等，尤其在19世紀後半實用化、20世紀迅速發展的「電力」，讓我們的生活為之一變。除了電燈、冰箱、手機等日常用品，AI（人工智慧）、IoT、大數據等尖端科技也少不了電力。

活用電力後，通訊（電話、無線電）、媒體（廣播、電視）、電子計算機（電腦）等，各種技術出現飛躍性的發展。多虧如此，我們才能簡單達成聲音資訊的雙向溝通、聲音影像的同步遠距傳輸、大量資訊的加速運算。

20世紀被稱為「媒體的時代」，前半是廣播、後半是電視，都具有巨大的影響力。

此外，這個時期的電腦、無線通訊也相當發達，**取代真空管的半導體技術，也就是電晶體、IC（積體電路）、LSI（大型積體電路）、超LSI、超超LSI**，以這些形式迅速發展小型化、輕量化、高性能化、長壽命化的通訊與計算元件，強化訊息處理速度、傳送速度、機器基礎建設的整備。

20世紀末後，運用這些技術製造的電腦、網際網路、手機等愈發普及，推進了融合媒體與電腦的「資訊科學的時代」。

科技歷史（19～20世紀）

1820年	電流磁效應／厄斯特（Hans Christian Ørsted）
1831年	發現電磁感應／法拉第（Michael Faraday）
1864年	電磁場的基礎方程式／馬克士威（James Maxwell）
1876年	電話機／貝爾（Alexander Graham Bell）
1897年	布朗管（陰極射線管）／布朗（Karl Braun）、發現電子／湯姆森（Joseph John Thomson）
1905年	狹義相對論／愛因斯坦（Albert Einstein）
1906年	廣播（聲音無線電話）／費森登（Reginald Fessenden）
1907年	布朗管式電視機（陰極射線管顯示器）／羅辛（Boris Rosing）
1915年	廣義相對論／愛因斯坦
1924年	物質波／德布羅意（Louis de Broglie）
1925年	機械式電視／貝爾德（John Logie Baird）
1937年	阿塔那索夫貝理電腦／阿塔那索夫（John Atanasoff）&貝理（Clifford Berry）
1941年	繼電器式電腦／楚澤（Konrad Zuse）
1946年	ENIAC（真空管式電腦）／艾克特（John Eckert）&曼屈里（John Mauchly）
1947年	電晶體／布拉頓（Walter Brattain）、巴丁（John Bardeen）、肖克利（William Shockley）等人
1952年	IBM 701（程式內儲式電腦）／IBM
1957年	繼電器式計算機／CASIO
1968年	超文件（Hypertext）／提姆（Andries Dam）&尼爾森（Theodor Nelson）
1969年	ARPANET（網際網路的起源）／ARPA
1983年	DynaTAC（手機）／Motorola
1993年	Mosaic（網頁瀏覽器）／安德森（Marc Andreessen）等人
1995年	Windows 95／Microsoft
1999年	i-mode／NTT DoCoMo

21世紀的科技發展歷史

從網際網路普及到AI誕生

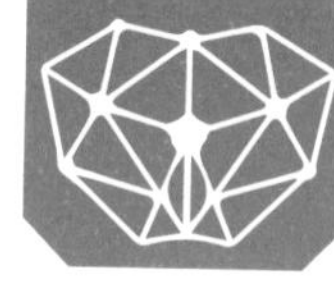

邁入21世紀，電腦、手機、網際網路對我們的生活造成巨大的影響，它們皆在20世紀末低價格化，並在21世紀初爆發性普及。

又大又貴的電腦轉為低價格、小型、可獨自擁有的個人電腦。手機除了一般通話，現在主流的智慧型手機也能夠簡單使用App、相機、網際網路等。透過**全球網路相互連接的電腦網路**，我們能夠閱覽、搜尋網頁，收發電子郵件等資訊。個人電腦、手機、網際網路彼此密切相關，可說是現代科技的特徵。

其實，並不只有我們蒙受這些恩惠。接下來將詳細解說的「AI」，也是其中的受惠者。**AI研究始於1956年的美國，彼時電腦剛誕生後不久，由麥卡錫（John McCarthy）、夏農（Claude Shannon）、羅切斯特（Nathaniel Rochester）、明斯基（Marvin Minsky）等四人所發起了達特矛斯會議（Dartmouth Workshop）**。

由於電腦會將資訊轉換符號處理，人類的語言、知識也會用符號來表示，他們預測，隨著程式愈來愈高階，最後將會誕生智能與人類一樣的電腦——AI。儘管當時的電腦運算處理能力低下，但也提出了迷宮的解法、定理的證明等相較簡單的問題，證實能夠進行智能活動，讓當時的人們感到驚豔。這樣的成就**掀起一股AI風潮，經過1980～1990年代的第二次AI風潮，如今正進入第三次AI風**潮。

與AI誕生有關的主要科學家們

馬文・明斯基
（1927～2016）

科學家、認知心理學家，研究運用電腦將人類的思考模組化。以類神經網路（Neural Network）研究、框架理論（frame theory）研究的第一人聞名。

約翰・麥卡錫
（1927～2011）

史丹佛大學教授，是AI研究的第一人，被稱為「人工智慧之父」。以開發運用函數組合創造新函數的函式語言「LISP」聞名。

克勞德・夏農
（1916～2001）

數學家，運用數學證明了以0與1的組合能夠發送資訊。他的成就成為電腦、網際網路等數位通訊技術的基礎。

納撒尼爾・羅切斯特
（1919～2001）

IBM的科學技術員，設計泛用型電腦IBM 701，也著手開發電腦用的組合語言。以IBM700系列的首席工程師著稱。

能夠稱為AI的定義

人工智慧AI的真面目為何？

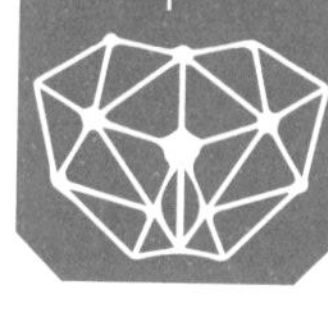

人類、動物等**大自然孕育出來的智能**，稱為**自然智慧**，而在電腦上實現這個自然智慧的資訊處理機制，稱為**人工智慧**。**人工智慧譯自Artificial Intelligence，取其字首稱為「AI」**。

在AI的黎明期1950年末，人們就認為我們能夠製造具有與人類同等智能的電腦。然而，電腦與自然智慧在構造、運作原理上有著巨大的差異。比如，**AI運算的對象必須嚴謹定義（框架＝完整的相關知識）**。因此，想要讓電腦辨識狗，需要定義所有狗與這個世界的關係。然而，這是不可能做到的事情，這是AI發展上的巨大高牆——**框架問題**。

因為框架問題以及成果不如周遭期待，**AI的研究在1970年後漸趨式微**。然而，在美國**費根鮑姆（Edward Feigenbaum）**等人的奮鬥之下，開發出借重電腦擅長的運算、推論來導出答案的專家系統（Expert System）。從此電腦具備了專家級的能力，1980年後世界各家企業紛紛採用此套系統，**掀起第二次AI風潮**。

然而，**邁入1980年後半，專家系統出現了極限**。跟第一次風潮相同，僅能在限定的規則中發揮威力。人的思考、行動存在許多不確定要素，專家系統對於超出規則的事物，沒辦法給予答案。

什麼是AI（人工智慧）？

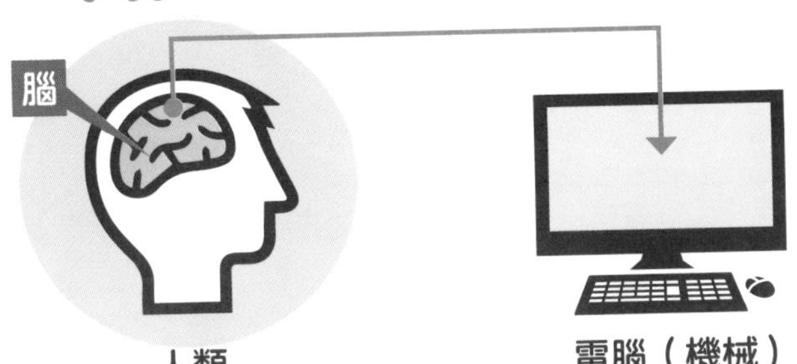

在電腦（機械）上實現人類的智慧

什麼是框架問題？

讓電腦辨識狗

||

定義所有狗與世界的關係

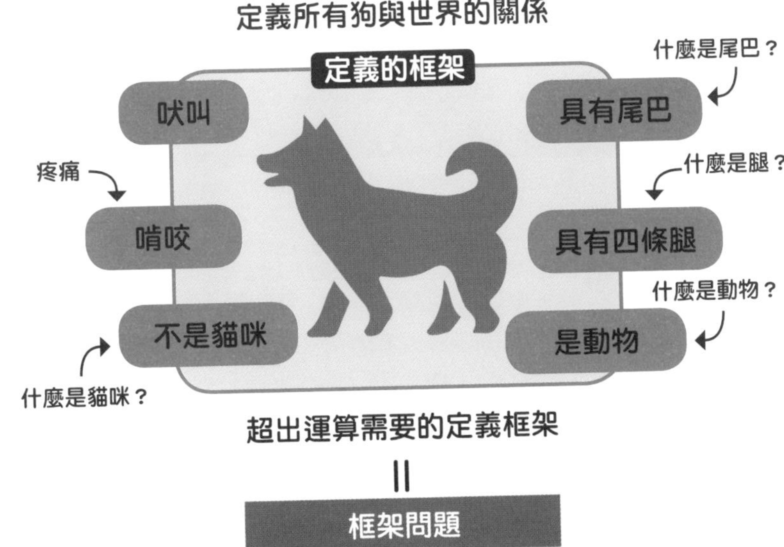

超出運算需要的定義框架

||

框架問題

在遊戲中擊敗人類的AI

對全世界造成多麼大的衝擊？

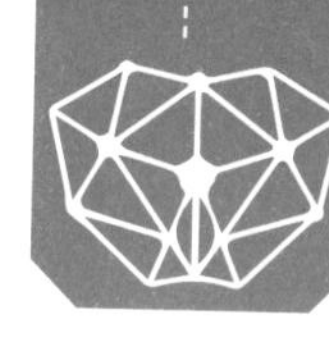

1990年初，AI研究再度迎來寒冬。

多數研究者投入**機器翻譯**、**語音辨識**、**機器人工學**等專門領域的課題，但在電腦領域中也出現巨大變革。

這項變革是處理能力飛躍性提升、小型化、低價格化，使得個人電腦與全世界電腦連結的網際網路迅速普及。這樣的環境變化加上**珀爾（Judea Pearl）提出的機率方法，讓AI邁向了下一個階段**。

這項方法成為**機器學習**（參見42頁）的基礎，透過反覆運算龐大的事例、團隊分工，機率性篩選出最接近正解的結論。

最為人所知的成果是，1997年**IBM的人工智慧深藍（Deep Blue）**擊敗西洋棋的世界冠軍；2016年**Google DeepMind的圍棋AlphaGo**擊敗韓國頂尖棋士。AlphaGo藉由**深度學習**，證明了即便是候選棋步比西洋棋還要複雜的圍棋，AI也能夠戰勝人類。

雖然這只不過是AI的有限成果之一，但經由媒體大肆報導，在需要複雜思考的遊戲上「人類敗給機器」，因而對人們造成不小的衝擊。

就讓我們從這些事項來看AI的概念，以及經常聽聞的「機器學習」「深度學習」是什麼東西吧。

1990年代後的AI研究

機器翻譯
語音辨識
機器人工學
等

電腦的小型化、低價格化
↓
個人電腦
網際網路

朱迪亞・珀爾
（1936年～）

美國的電腦科學家，對AI採取機率方法，研究運用機率記述因果關係的貝氏網路（Bayesian Network）。

1997年
IBM的深藍擊敗加里・卡斯帕洛夫（Garry Kasparov）

IBM
的深藍

VS
西洋棋對決！

西洋棋世界冠軍加里・卡斯帕洛夫

2016年
Google DeepMind的AlphaGo擊敗李世乭

Google DeepMind的
AlphaGo

VS
圍棋對決！

韓國頂尖棋士李世乭

AI分成兩種流派

要用哪種方法建立AI？

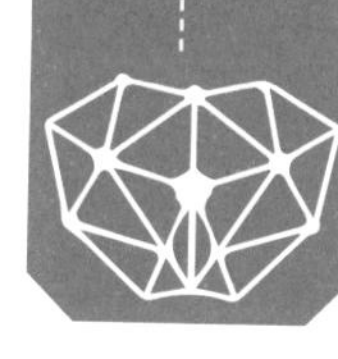

AI能夠在電腦上實現人類的智慧，但問題是，「要用哪種方法重現人類的智慧？」AI的建立主要分成兩種流派。

第一種是，**認為人類的知識與智慧，能夠用程式語言、數學式等符號表達的「符號主義（Symbolicism）」**。AI會依照人類準備的指南手冊運作，IBM的華生（Watson）、Google的搜尋機能等就屬於這類。比如，下西洋棋的AI會根據西洋棋的規則，驅使高端運算力以最終的勝利為目標。因為僅需設定固定的規則就能夠簡單建立，所以成為AI的基礎技術。雖然不能順利對應例外情況，但能以增加規則、加強規則內組合的形式穩定地進化。

第二種是，主張重現人腦運作的**「連接主義（Connectionism）」**。透過從**類神經網路****（參見44頁）**開始學習，讓AI能夠自己行動，或者運用既存的統計資料等累積學習，逐漸變聰明，具有代表性的例子有**AlphaGo**。比起解決數學問題，更適合繪畫等言語難以表達的領域，藉由給予大量的問題與答案，AI就能自己推導出答案。

連接主義的特徵為，在改良跨越高牆後的新境界看到另一道更高的高牆。另外，**AI若在符號主義與連接主義兩方的領域上有出現成果，必定會掀起風潮**。

什麼是符號主義？

能夠以程式語言、數學式表達智慧、知識。

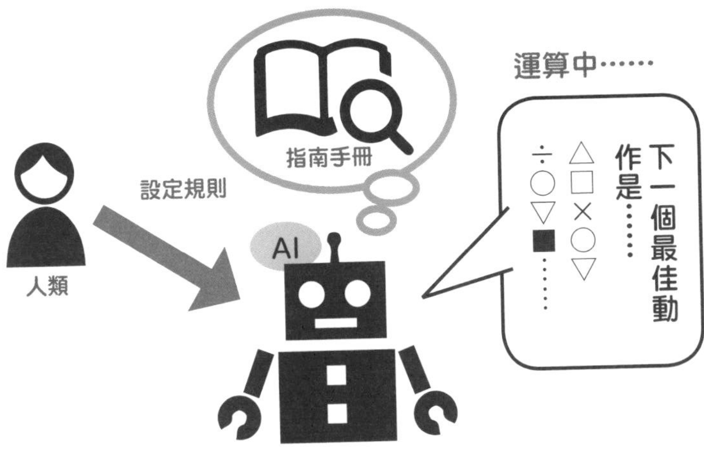

什麼是連接主義？

直接在電腦上重現人腦的運作。

機器學習的機制

瞬間處理資料的分類、分析

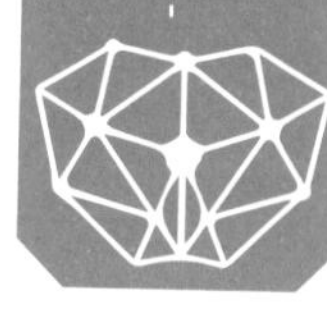

讓AI邁向下一個階段的**機器學習**，究竟是什麼樣的概念呢？其實，這個詞包含了兩層意思。

第一層是**「機器自我學習」**。如同人類學習新的語言、技術，機器也能夠進行學習。另一層是**「不僅只按照程式設計進行動作」**。機器透過學習，能夠做出程式所訂範圍以外的事。

不過，正如在框架問題提到的，AI不擅長從零開始獲得全新的事物。因此，AI需將事先組進來的知識累積、整理、最佳化，以這樣的方向進行學習。

機器學習有**「監督式學習（Supervised Learning）」**與**「非監督式學習（Unsupervised Learning）」**兩種。監督式學習是，**提供適當例題與模範解答的方法**。比如，給予出入口確實相通的迷宮例題讓機器學習。雖然起初是隨機行動，但機器會逐漸掌握脫離迷宮的訣竅，之後即便遇到沒有學習過的迷宮，也能夠以某種程度的速度抵達出口。

非監督式學習是，**不提供例題與模範解答的學習方法**。AlphaGo的學習分為監督式與非監督式兩個階段，前者是**從過去棋譜學習的階段**，後者是**透過自我對戰學習的階段**。基本上，監督式學習需要大量的資料（AlphaGo用來學習的過去棋譜）；而非監督式學習需要適當的學習環境（能夠自我對戰的環境）。

什麼是機器學習？

機器學習

機器自我學習

結果

能夠做出程式所定範圍以外的事

監督式學習與非監督式學習

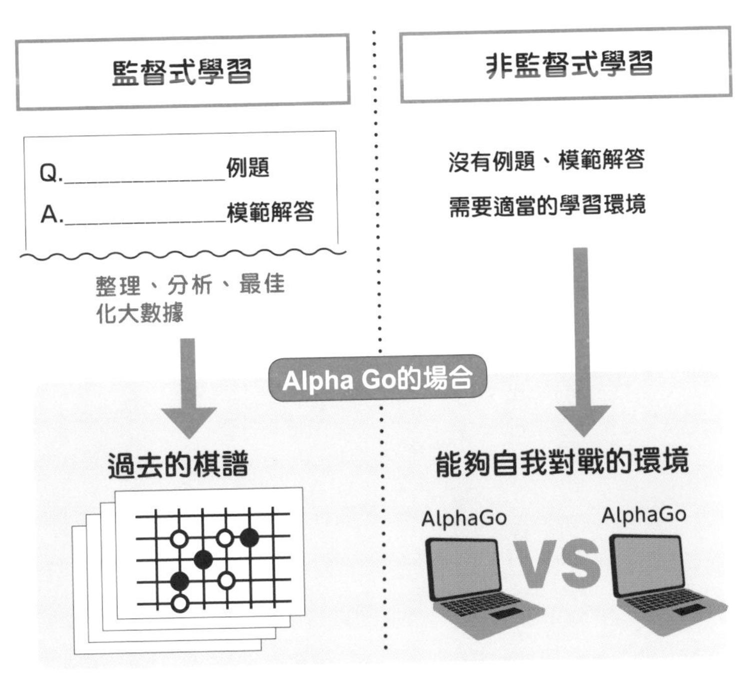

深度學習的機制

讓人類的思考方式電子化、進化的AI

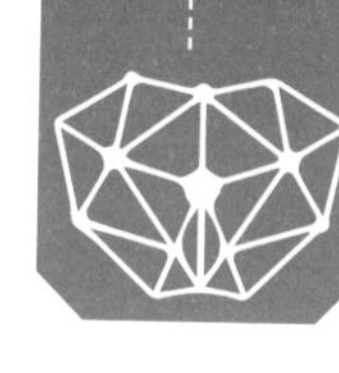

「深度學習（Deep Learning）」跟機器學習同為人工智慧的關鍵字，但它是什麼樣的概念呢？這是一項**基於類神經網路運算模組的技術**。

類神經網路是指，模仿人腦神經元構造與運作的AI。腦內的神經元從其他**神經元（前端的突觸）**接收超過某定值的電力訊號後，便會啟動向連接的下一個神經元傳遞電力訊號。下一個神經元也是接受超過某定值的電力訊號後，啟動再向下一個神經元傳遞電力訊號。

將神經元像這樣的啟動或不啟動轉為數值，由數層類神經網路構成的系統就是深度學習的基本架構。

雖然深度學習過去也有幾道技術上的高牆，但隨著個人電腦帶來的龐大資訊、運算能力以及新技術等的引進，在2012年圖像辨識競賽ILSVRC獲得優勝，同年Google的AI能夠辨識出貓的圖像來，深度學習因這些事蹟瞬間備受矚目。

如同上述，**深度學習擅長從圖像、波形等難以轉成符號的資料，辨識固定的模式。**另外，由目前正一步步在社會上實用化以及技術持續推進，深度學習可說是可期待更進一步發展的領域。

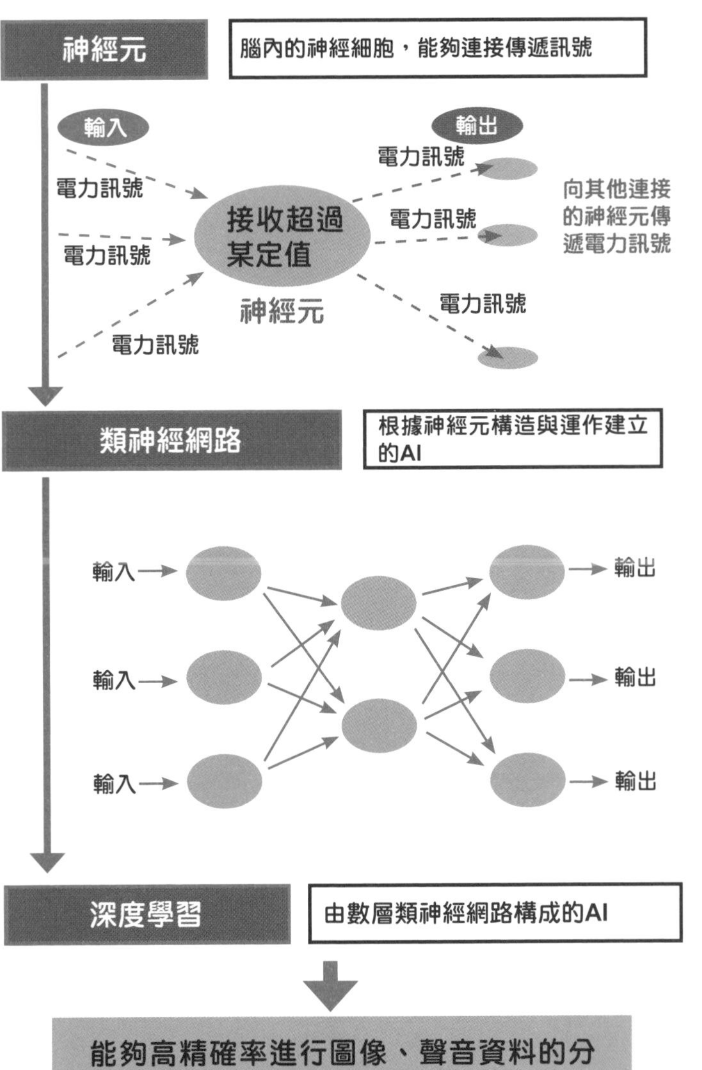
從神經元到深度學習
神經元
腦內的神經細胞，能夠連接傳遞訊號
輸入
輸出
電力訊號
電力訊號
電力訊號
電力訊號
接收超過某定值
電力訊號
電力訊號
神經元
向其他連接的神經元傳遞電力訊號
類神經網路
根據神經元構造與運作建立的AI
輸入
輸入
輸入
輸出
輸出
輸出
深度學習
由數層類神經網路構成的AI
能夠高精確率進行圖像、聲音資料的分類、處理、運算等

AI怎麼學習語言？

AI能夠辨識、理解人類的語言嗎？

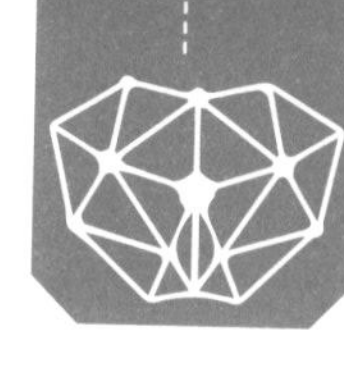

最近，對著智慧型手機、智慧音箱講話，會有人工聲音回覆，執行開關電源等動作。乍看之下，可能覺得是隨處可見的對話，但這其實運用了高端的AI技術。

開發能夠與人類溝通交流的**自動對話系統**，在過去是極其困難的任務。因為這需要進行①辨識聲音並轉換成文字、②理解該文字的意思、③電腦使用語言應答等程序才行。

說出的話語會**以空氣振動的形式輸入，數值化後轉為文字**，但在這個階段尚未處理文字的意思。之後，雖然AI會理解文字，但話語可能省略主語、使用同音異義詞，有時也會省略目前所在地、時區、性別、季節等前提。

對於這樣的「含糊」，深度學習的手法能夠帶來很大的幫助。在理解話語時，會將該話語對照相關例子的書籍、網路上的文章群、學習使用的資料庫等，推論文字的意思，理解對方的意圖，思考應該怎麼應答（但是，也有產品並未累積知識，只是根據當下的對話情境來回答）。

AI僅能遵循固定套路應答，被戲稱為「人工無能」，但現在已經成長到能跟人類對話了。相信隨著今後不斷革新技術，AI將可以更平順地與人類溝通交流吧。

自動對話系統的機制

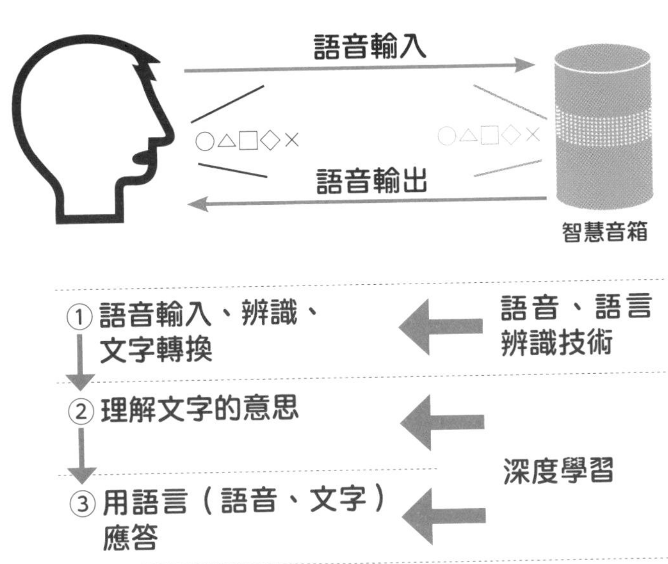

什麼是人工無能？ 如實表現不完善的人工智能

期待可活用AI的領域

人工智慧做得到與做不到的事情

近年的**AI整合運用深度學習、處理龐大資料的能力、機器控制技術、感測器技術等**，能夠應用於各式各樣的產業。比如，在醫療方面，AI善於比對過去龐大症例、文獻累積（大數據），有助於從患者的症狀診斷病名、給予治療。再來，現在也開發了搭載AI的手術用機器人，讓手術變得更加精確。

汽車的自動駕駛、天氣預報與災害預測、同步翻譯、根據使用者推薦商品的市場營銷、工廠的生產管理、遵從固定規則的事務職等，AI的可能性出現多種分歧。AI擅長從累積的資料中發掘規律與有價值的見解，進而自我學習提高精確率，所以才能夠在前述的領域中活躍。

那麼，我們反過來想想AI做不到哪些事情吧。設計、音樂等創造性的工作；舞蹈等需要身體運動的活動；繪畫等需要美感的創作；輔導諮詢、教練等知性的溝通對話；跟不同於自己的他人協同合作，這些都是AI不擅長的工作。此外，每次都需要自我判斷適當性的行動，**AI也不擅長這類「非定型」的事情**。不過，AI僅是不擅長而已，並不是真的做不來。不久的將來，例行事務、活用大數據的作業可能交由AI負責，人類則改為從事附加價值更高的工作吧。

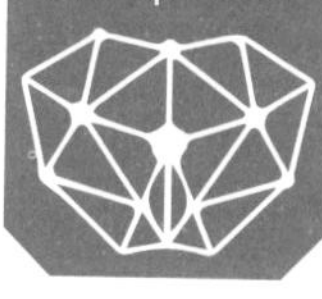

AI擅長的事情

- 累積與活用大數據
- 活用深度學習
- 遵循固定規則的工作

天氣預報、災害預報

汽車的自動駕駛

診斷病名與治療

工廠的生產管理 等等

AI不擅長的事情

- 創造性工作
- 伴隨身體運動的活動
- 伴隨運用美感的創作
- 知性的溝通對話
- 與他人的協同合作
- 非定型的作業、工作

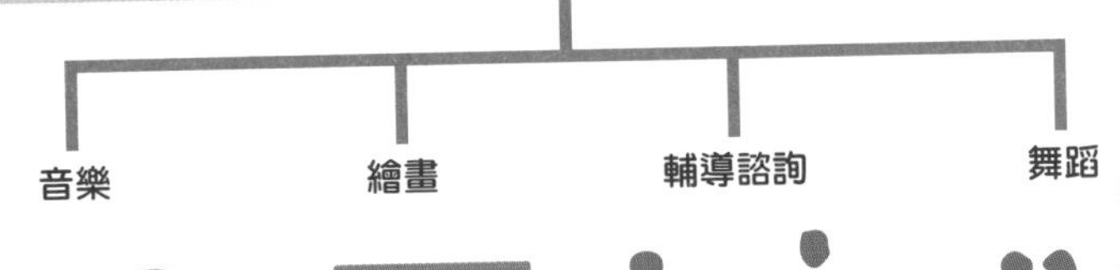

雖然是不擅長的類型，但創作音樂、繪畫的AI正在開發當中

AI能夠取代人類的工作嗎？

AI會奪走人類的工作嗎？

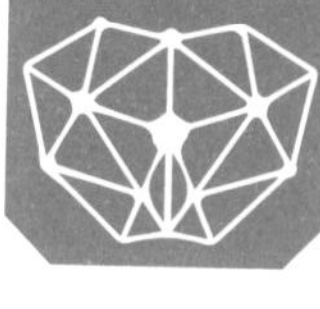

運用AI後，各種工作逐漸轉為自動化，即便人類不在現場也能夠運行。那麼，到底有多少工作可換成AI呢？

AI在未來10～20年會讓將近一半的現有職業消失——提倡此說法的是，牛津大學麥克・奧斯本（Michael Osborne）副教授。根據2015年12月與野村綜合研究所的共同研究，**日本國內的601種職業中，推算約莫49％極有可能被AI、機器人等取代**。

工廠一部分的生產線早已導入機器人，將來的機器人性能會愈來愈高，不難想像演變成無人化生產。在土木、建設、農業、照護等領域，這類肢體勞動將會逐漸交由機器代勞。

事務職的公務員、醫療事務、會計事務、人事、經理、總務等；技術職的醫療技師、檢查技師等；服務業的接待人員、圖書館職員、便利商店的結帳人員等，這些定型化、目標固定的工作都有可能被AI取代吧。日本的服務業眾多，部分居酒屋沒有雇用店員，導入使用平板點餐的系統，我們逐漸能夠看到AI影響的跡象。

重要的是，這樣的變化發生在各個產業，除了影響既有產業界及其他產業界的結構，促使產業重組改變之外，也有可能波及社會系統，進而改變我們人類的認知。

將來可能被AI取代的職業

事務員

計程車司機

電車駕駛員

倉庫作業員

保全人員

工廠勞動者

超市、便利商店店員

接待人員

彩券販售員

AI帶來的改變①醫療現場(1)

解析個人資料以提供最佳醫療

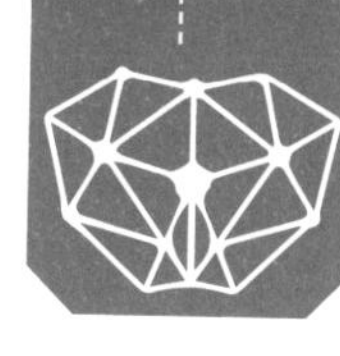

2016年8月，「AI拯救了特殊白血病患者性命」的報導震驚世人。**日本東京大學醫學研究所，讓IBM的AI華生學習超過2000萬篇的論文，與超過1500萬件以上的藥劑相關資訊**。然後，它僅花了10分鐘，就診斷出某女性罹患極罕見的白血病，醫師改用其他藥物治療後，改善了這位女性患者的症狀，並康復出院。

想要從患者的症狀判斷病名、提出適當的治療法，必須參考過去的病例、遺傳資訊、醫學論文等龐大的醫療資訊。再加上醫療界每天都會增加新的資訊與治療技術、新的藥劑，因此，由醫生一人掌握所有資訊來看診，幾乎可說是不可能的任務。

其實，**累積與解析**這類**大數據，正是AI擅長之處**。東京大學醫學研究所將華生電腦運用於臨床研究上，由患者的遺傳資訊提示發病相關的遺傳基因、治療藥物的建議。原本人類需要費時兩個禮拜的分析，華生電腦僅需10分鐘就能完成。

不過，**AI能夠做到的事情，終究是以機率提示治療藥的建議與其可能性**。對於AI提示的內容，最終還是要交由醫生判斷使用哪個治療藥、採用哪種治療法。

如同上述，AI被期望輔助極其忙碌的醫生，做出更加精密、迅速的診斷。

AI與醫療診斷

過往的診斷方法

運用AI的診斷方法

大數據

- 醫學文獻
- 醫學論文
- 醫學雜誌
- 醫學報告
- 患者的症狀、遺傳資訊　等等

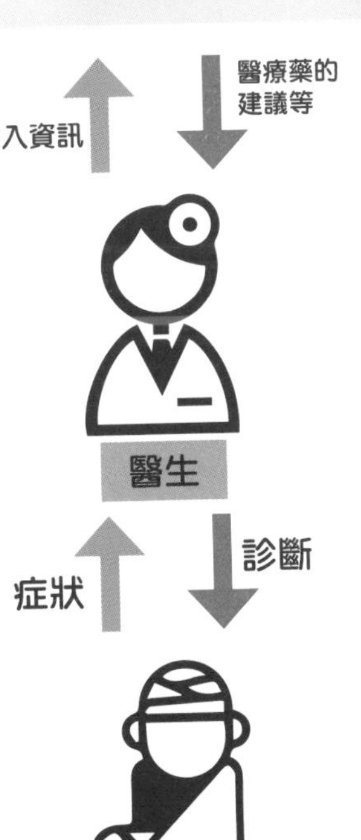

需要費時兩個禮拜分析

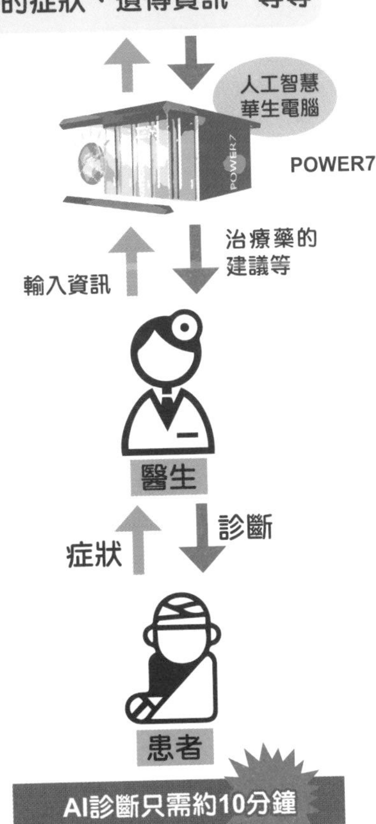

AI診斷只需約10分鐘

AI帶來的改變①醫療現場(2)

輔助醫療行為與地區醫療的AI

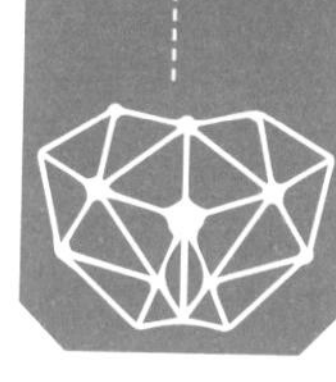

現今，AI開始應用於各種醫療領域。關於病名的診斷如同前面敘述，但更早被期待實用化的是**利用遺傳資訊的基因體醫療（Genomic Medicine）**。

這是調查堪稱身體設計圖的基因體資訊，由癌症遺傳基因的檢查結果，鎖定患者的癌症病因遺傳基因，根據患者的狀態提供藥劑、治療方法。

另外，透過**應用深度學習的圖像診斷支援系統**，解析MRI、X光、內視鏡等醫療圖像，能夠在短時間內準確找出可能的病名。這項手法急需整備網路等設備環境，從大學醫院連結至個人開業醫生、從大都市連結至地方，期許在醫護人員不足的偏遠地方也能發揮功效。

對於偏遠地方的醫療指導、居家患者的守護，可透過**量測身體資訊的穿戴式裝置與智慧型手機連動**，由AI解析回傳血壓、脈搏等資料，即便病患不用頻繁往來醫院，醫生也能夠掌握健康狀態。這樣的遠距指導也可應用於居家照護，對於照護上的不安、疑問，能夠收到相關資訊與支援。此外，照護設施導入搭載AI的機器人後，可以進行移乘輔助、移動支援、排泄支援、失智症患者的看護、入浴支援等，減輕照護人、受照護人的負擔。

AI的導入能夠讓我們接受更安心、安全的醫療服務。

運用網路連結醫院、地區、個人

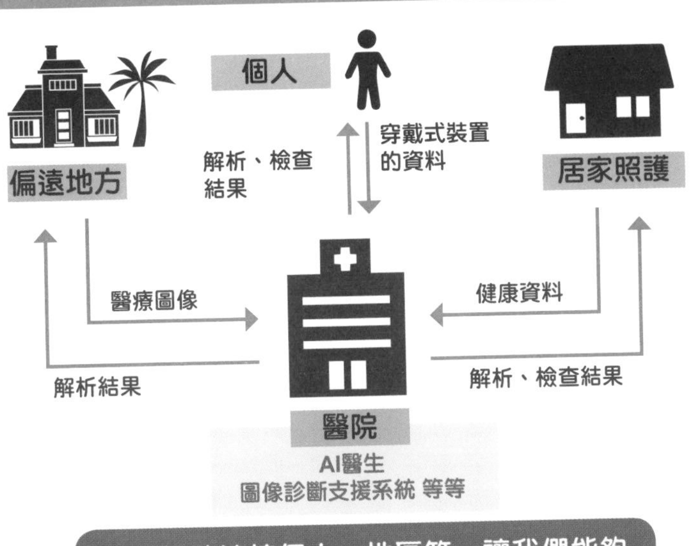

透過網路連接個人、地區等，讓我們能夠接受高度醫療服務

被期待應用於照護領域的人工智慧

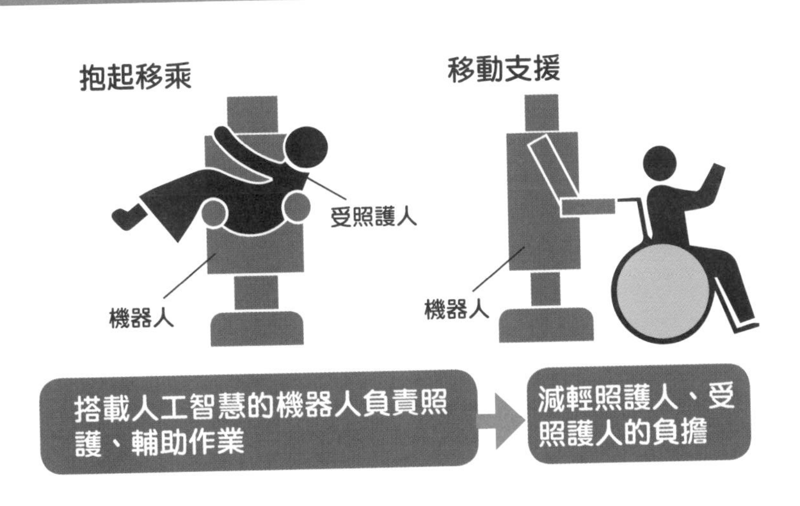

搭載人工智慧的機器人負責照護、輔助作業 → 減輕照護人、受照護人的負擔

AI帶來的改變②工廠用機器人

平面或者立體加工、複雜的操作都能夠完成

AI蔚為話題之前，生產工廠早已導入機器人。許多人應該都曾在電視上看過，機械手臂靈巧快速組裝零件的樣子。專家預測，不久的將來工廠將會無人化，僅有機器人執行作業。

工廠為了大量生產商品，過去會將零件置於傳輸帶上，由裝配線旁的多位勞動者分別進行鑽洞、拴緊螺絲、接合等固定單純的作業，試圖以這樣的形式尋求產量最大化。

1960年，美國開發了**產業用機器人**；1970年末，日本也盛行製造產業用機器人；到了1980年代，機器人已經變成不可欠缺的勞動力。產業用機器人的多關節手臂內含IC晶片，能夠正確執行固定單純的作業。

2000年，**出現了可編寫程式的多功能機器人**，但需要人類輔助作業。到了現在，**出現搭載AI的產業用機器人**，能夠在物流中心正確揀選形狀不同的各種商品。這種機器人搭載了3D攝影機、操縱器、機械手臂、3D影像處理系統等，不需要人類教導也能夠自我學習，是約數週後便可執行作業的優秀產品。

由大數據設計開發符合顧客需求的製品，從加工、組裝、調整、出貨到生產調整全由機器人實現後，作業效率、生產成本肯定會比以往更加優化。

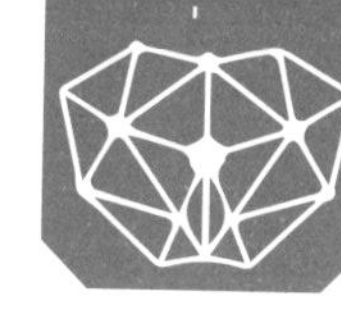

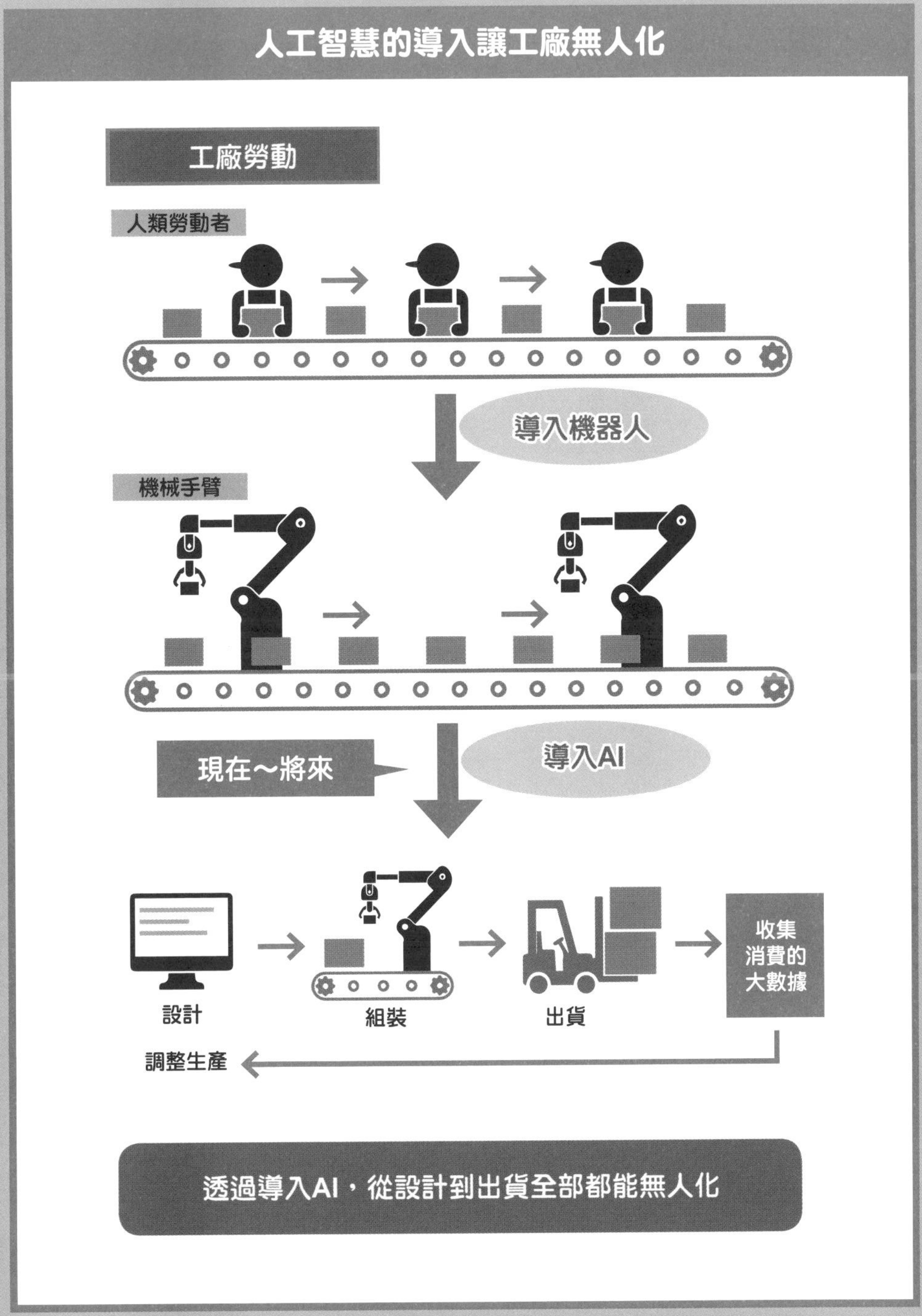

人工智慧的導入讓工廠無人化

工廠勞動

人類勞動者

導入機器人

機械手臂

現在～將來

導入AI

設計

組裝

出貨

收集消費的大數據

調整生產

透過導入AI，從設計到出貨全部都能無人化

AI帶來的改變③土木、建設現場

危險場所、看不見的地方也能輕鬆到達

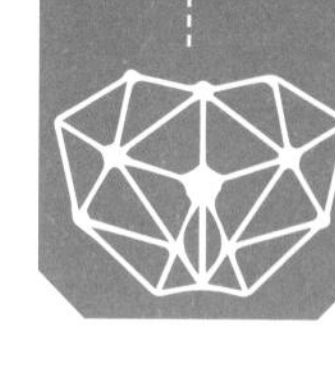

過去，土木、建設現場的多數作業需要人力與勞力。近年人手不足加上長年景氣低迷，出現成本削減壓力、複雜工程的效率化、與承包企業的合作等諸多問題，其中又以人手不足的問題尤為嚴重。於是，人們大力提倡藉助無人機、AI一次解決問題。

在蓋建築物之前的量測，過去是由專家運用量測技術，從地上或者使用航空機實施。然而，運用無人機從高空拍攝地面樣貌再轉為3D資料，不但容易還能節省量測時間與成本。而且，無人機也能夠量測複雜的地形、懸崖邊的危險場所等。

再來，砂石車、推土機等重型機具，也變得能夠自動控制或者半自動控制。車體**安裝了AI自動駕駛、GPS、掃瞄器等，能夠掌握自車位置與周邊環境的技術**。

此外，器材的搬運、熔接、工程等現場作業用的機器人，實證試驗也取得超出預期的成果。日本清水建設運用**雷射感測器**的空間辨識，正在開發**能夠迴避障礙物並搬運器材的器材搬運用機器人、鋼筋熔接機器人、能夠鋪設地板材料及設置天花板的多功能機器人**等，投入這些機器人預期可節省近七成的作業人員。

在這樣的土木、建設現場能夠發揮巨大威力的是，學習資深作業員技巧的AI。

未來，人類的工作將會變成以設定與運行管理為主吧。

無人砂石車的機制

自動搬運、多功能機器人的機制

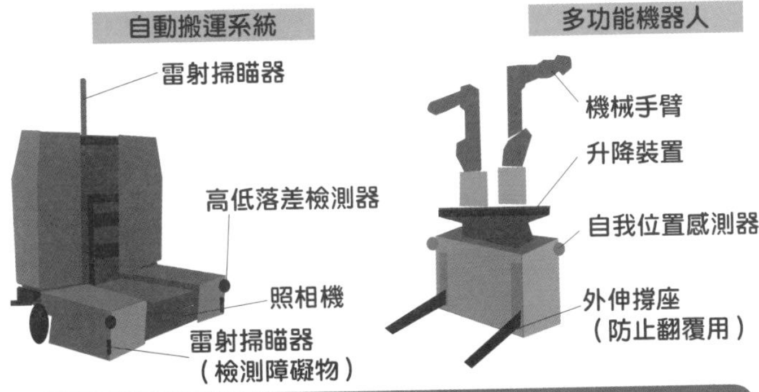

AI帶來的改變④服務業

完全AI對應的無人商店即將實現

服務業占就業人口比率約莫七成，在日本也是重要的產業之一。我們平常就蒙受便利商店、餐飲店、零售店、旅館等各種接待服務的恩惠。過去認為難以自動化、無人化，但因勞動生產力低、偏向長時間工作被敬而遠之，陷入慢性人手不足的困境，所以開始試圖導入機器人、AI追求效率化。

在部分居酒屋中，能夠**透過平板點餐、結帳**。在零售店，逐漸**導入購物者自行讀取商品IC標籤結帳的「自助收銀台」**。

在部分家庭餐廳，直接提供加熱的工廠加工食品。另外，接待方法等也逐漸例行化，不久的將來，大部分店員極有可能替換成機器人。

比如，餐飲店門口設置能以語音應答的接待機器人，幫忙引導顧客入座。點餐以桌上的觸控面板進行，廚房簡單調理、盛裝工廠加工的食品，再由配膳機器人送至座位。顧客用完餐後，在自助收銀台結帳。用餐後的盤子等由配膳機器人回收，置入自動洗盤機，就完成一連串的流程。店內的清掃也交由掃地機器人自動進行。

多虧AI、圖像解析系統、深度學習等技術運用於各種面向，才有可能實現無人服務。

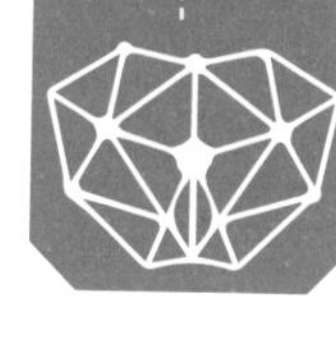

服務業逐漸無人化

一部分無人化的商店

以觸控面板點餐

購物者操作的自助收銀台

未來將會由搭載AI的機器人等負責服務業

家庭餐廳無人化的場合

接待、帶位機器人

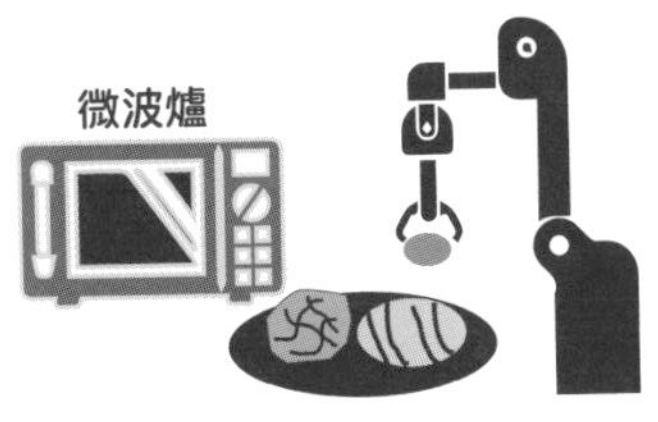

調理機器人

配膳、清理機器人

從接待、調整、配膳到清理，在不久的將來都能交由機器人負責

AI帶來的改變⑤網頁服務(1)

能夠翻譯、朗讀的AI

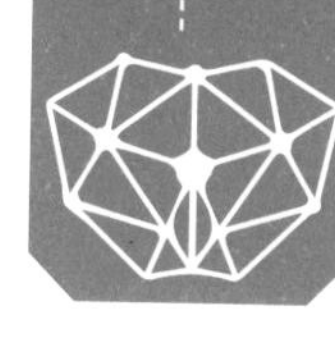

實際使用AI的服務中，常見的例子應該是網頁服務。用瀏覽器等連接網際網路，輸入資訊或者上傳圖片，就能得到答案、轉換後的圖像等。

文字輸入的例子有線上翻譯服務。Google翻譯服務在導入**類神經機器翻譯（Neural Machine Translation）**之後，翻譯精確率出現飛躍性的提升。

圖像的例子有Microsoft開發的App**「Seeing AI」**（現在只有英文版），能夠描述智慧型手機的攝影圖像是什麼、讀出拍攝物上頭所寫的文字。早稻田大學所開發的「Automatic Image Colorization」則能夠自動為黑白相片上色。

這些服務都不能缺少深度學習。Google翻譯會以「翻譯例子→反映至系統學習訓練→測試」為一個循環，反覆數十次、甚至數百次的學習。將英文翻成法文的模組，訓練約莫需花費1萬5000小時的時間。

Seeing AI這款APP是**運用AI圖像辨識能力，提供視覺障礙者觀看**，能釋出基本機能「認知服務（Cognitive Services）」，讓App開發者能夠自由寫進程式裡頭。未來可搭載於眼鏡型裝置，除了眼睛不方便的人，也期待可應用於觀光、商業（顯示眼前這位是誰、曾在哪裡碰過面等資訊）等方面。

AI搭載型翻譯服務

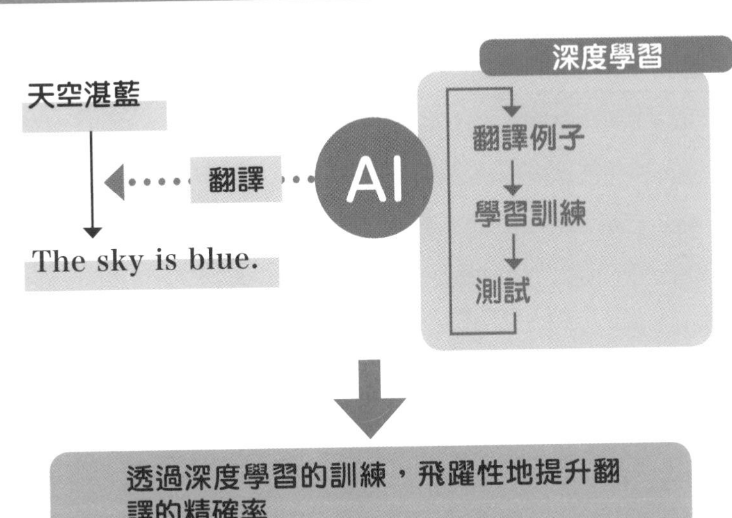

透過深度學習的訓練，飛躍性地提升翻譯的精確率

AI搭載型朗讀服務

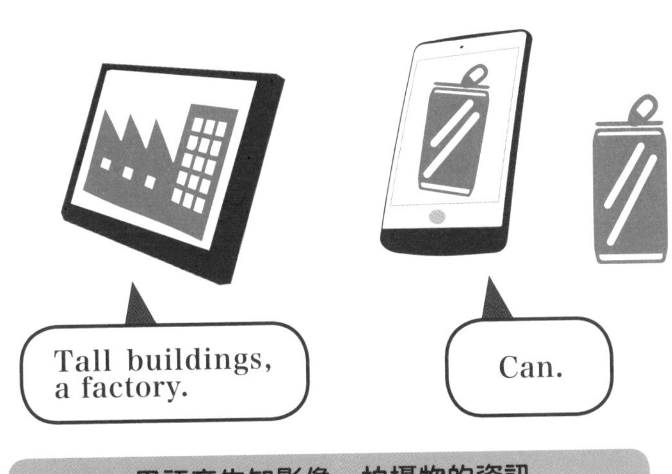

用語音告知影像、拍攝物的資訊

AI帶來的改變⑤網頁服務(2)

語音辨識力、會話力飛躍性提升的AI

AI的語音辨識力、會話力也有飛躍性的成長。常見的例子有**AI語音助理**，如Apple iPhone的Siri、Google Android的Google助理、Amazon的Alexa等。近年，除了智慧型手機，平板電腦、智慧音箱、穿戴式裝置、智慧機器人等也搭載了語音助理。

2018年5月，Google在美國發表了更進一步的技術**「Google Duplex」**。這是AI能夠代替使用者撥打電話預約飯店、餐廳、美容院等的服務。

聽障者、口吃等無法流利說話的人不用說，一般人也能夠享受不需等待忙線或者重打、可在非受理時間指示AI稍後撥打電話、即便不懂旅行地的語言也能夠預約等好處。

Google Duplex發表時，其不像合成聲音的自然對話一時蔚為話題。

除此之外，服務中心、呼叫中心的話務員也可能替換成AI。現在撥打電話到中心，大多會聽到事前錄好的語音。透過像這樣學習龐大的對話紀錄，AI也有可能與人類電話對應。不知不覺間，或許AI的合成聲音在電話、網路上進行對話的日子即將到來。

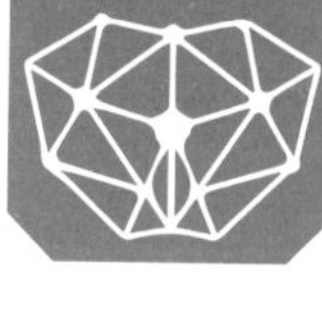

身邊常見的AI助理

Apple
（iPhone）的Siri

Google（Android）
的Google助理

Amazon的Alexa

搭載至與生活密切相關的機器，
在日常生活中使用AI

邁向與AI對話變得理所當然的時代

服務中心／呼叫中心的話務員

與AI的日常對話變得流暢

AI帶來的改變⑥金融業(1)

AI相互對抗的證券市場

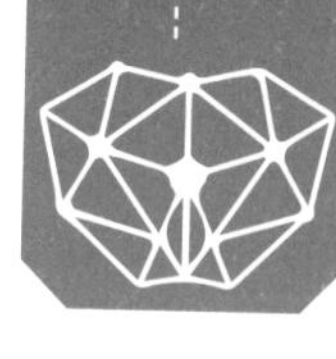

金融業正在加速導入AI。日本證券市場自1970年中期開始電腦化買賣交易，在1999年關閉股票買賣交易大廳，不再需要代理買賣委託的「場內經紀人（Floor Broker）」。

然後，現在有證券公司將機構投資人（Institutional Investor）的買賣交由人工智慧處理。比如，日本野村證券導入**「AI股價預測系統」**，透過AI預測各股5分鐘後的股價。

此系統的監督資料是，東證500股過去一年的股價變化與買賣交易數量，讓AI學習每1000分之1秒的變化。藉由從龐大的資料找出規律性，預測當下5分鐘後的股價進而獲取利潤。買賣也交由人工智慧負責，在眨眼的瞬間，就能進行將近1000次的交易。交易人僅需注視AI進行交易即可。現在其他公司也導入同樣的系統，演變成AI之間的競爭。因此，能夠導入多麼優秀的AI程式，將成為收益的關鍵。

如同上述，**結合金融服務（Finance）、AI、資訊通訊技術（ICT）等技術（Technology）的新動作，稱為「金融科技（FinTech）」**。SMBC日興証券提供30分鐘後的股價預測資訊、AI分析個人投資人的買賣特徵、給予買賣建議等服務，金融科技活化了整個證券市場。

進行股價預測與交易的人工智慧

金融的新動作「金融科技」

29

AI帶來的改變⑥金融業(2)

改變貨幣、銀行概念的科技

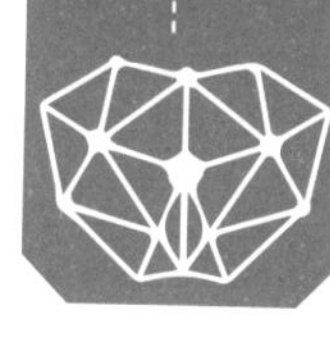

金融科技是結合金融與科技的新詞，其涵蓋的服務範圍非常廣泛。比如匯款、結帳、虛擬貨幣、財務會計管理、活用AI的融資、群眾募資、機器人投資顧問（AI）的資產運用建議、智慧型手機的資產管理等，例子不勝枚舉。多虧導入了這些金融科技，為使用人帶來各種方便。

第一個是，金融交易不再受限於地點、時間。過去僅能在銀行、證券公司的營業時間辦理手續，但現在只需要個人電腦、手機，何時何地都能進行交易。第二個是，節省交易的手續與成本。將輸入資料、集算等事務作業交由金融科技一元化，就能夠提高業務效率。第三個是，即便對金融、投資不熟悉，也能夠藉助AI進行交易。

金融科技發展到最後會變成什麼模樣呢？答案是**不需要現金的「無現金社會（Cashless Society）」**。日本經濟產業省在2018年4月，提出實際店舖等的無人化省力化、現金流動透明化，**以活用支付資料等為目的的「無現金支付願景（Cashless Vision）」**。無現金的滲透僅靠金融科技是不夠的，還需要法律、制度等政府的支援。

因此，如何克服日本根深蒂固以現金支付的觀念、停電時無法結帳等缺點，將會是能否普及的關鍵。

涵蓋範圍廣泛的金融科技

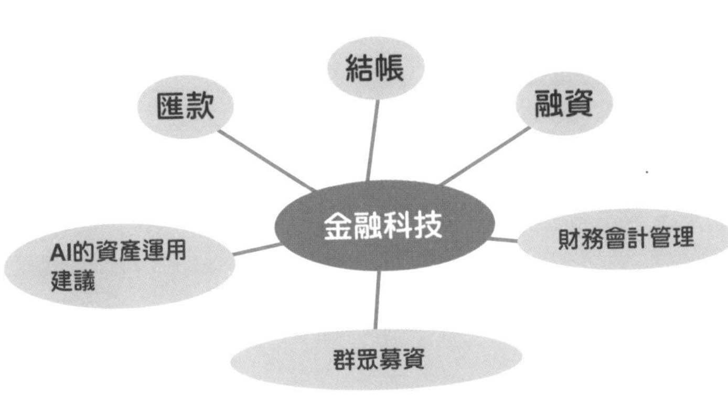

金融科技發展到最後的無現金社會

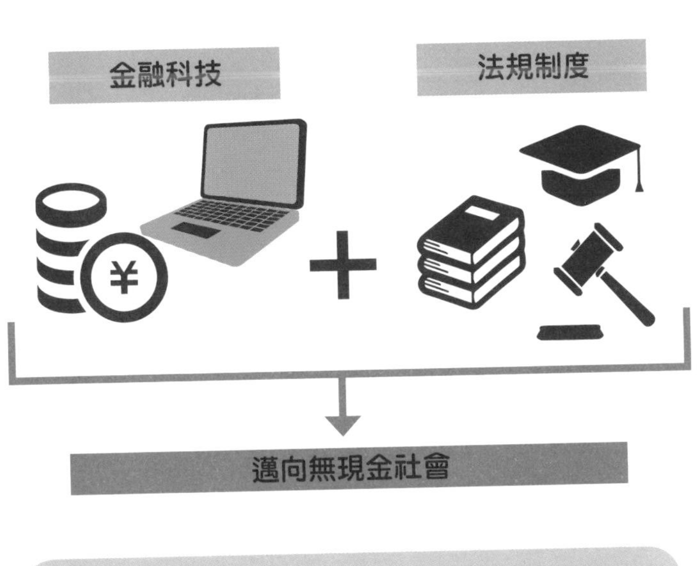

能否改變現金主義的想法、克服停電時結帳的問題，將會是發展的關鍵

AI帶來的改變⑥金融業(3)

IT企業也跨足金融業

金融科技的浪潮，也影響了我們平時經常利用的銀行。過去，銀行導入ATM後，縮減了窗口業務（存款、轉帳）人員。今後，關於行內事務手續等的詢問電話、過帳作業等的帳簿處理、資訊收集、營業支援、貸款審查等，都將評估交由AI進行。

證券、投資信託的販售，也將交由AI自動下單、篩選投資對象等。三菱UFJ信託銀行自2017年2月開始，**提供適合以個人資產投資、活用深度學習的投資基金**。

金融業會像這樣不斷急遽變化，其中一個原因是與人工智慧的親和性高。利息的變動、外匯資金的移轉結帳等金融業務，剛好是人工智慧擅長的數字計算。當然，分析大數據也是它的拿手絕活。

除此之外，不經由銀行提供結算、融資等服務的企業增加，也讓銀行產生危機感。比如，過去對於自由業者、中小零星企業的融資，因為信用調查、文件準備等過於耗時，利潤相對較少，所以銀行不怎麼積極投入。

有鑑於此，IT企業等開始運用AI提供金融服務。**企業與自由業者組成的群眾募資**LANCERS，開始運用AI分析登錄會員過去的報酬額、工作評鑑等，最快下一個營業日就能提供融資的服務。在海外，美國的Amazon.com、中國的阿里巴巴集團等，也正積極投入這類融資。

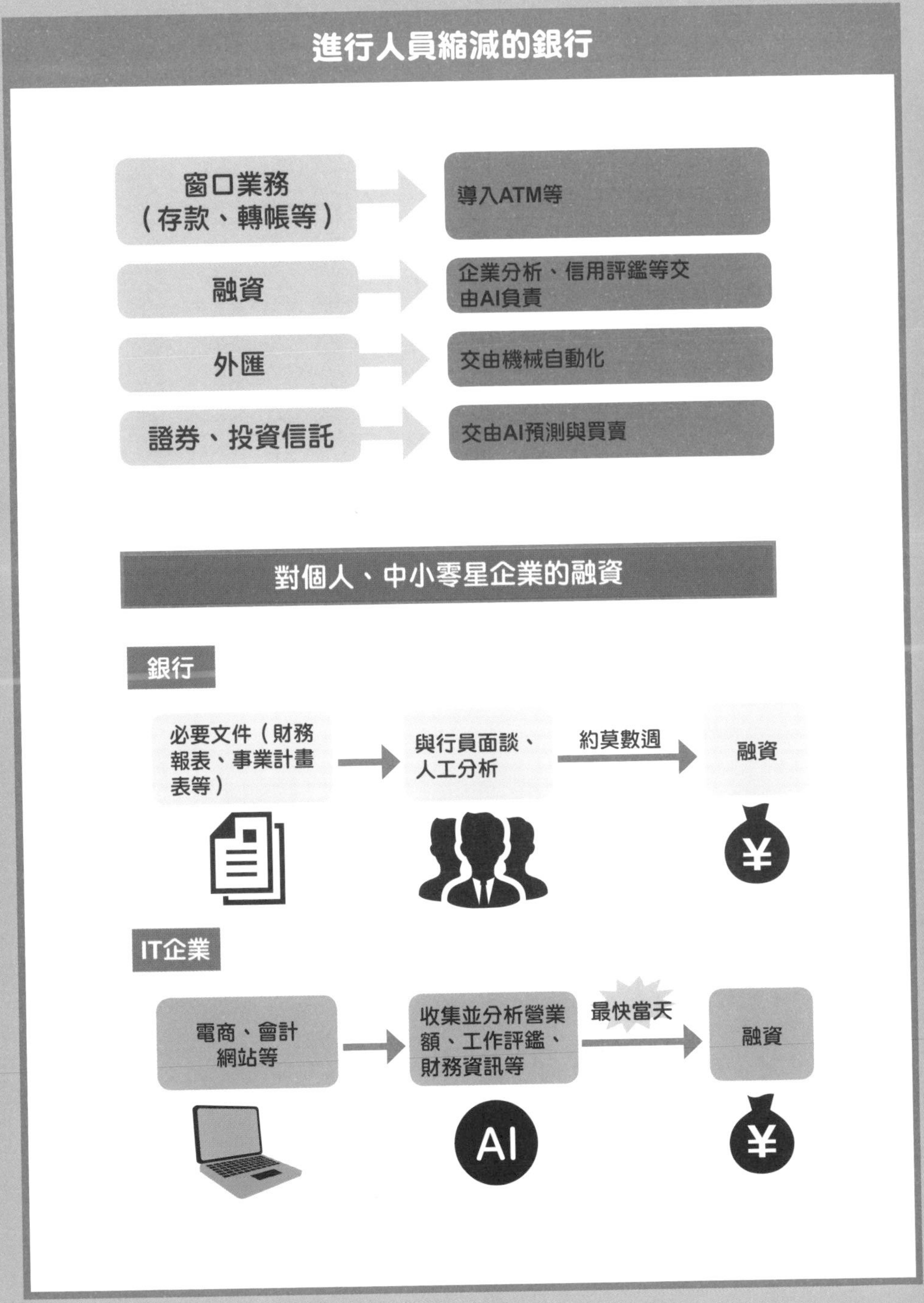

進行人員縮減的銀行

業務	變化
窗口業務（存款、轉帳等）	導入ATM等
融資	企業分析、信用評鑑等交由AI負責
外匯	交由機械自動化
證券、投資信託	交由AI預測與買賣

對個人、中小零星企業的融資

銀行

必要文件（財務報表、事業計畫表等）→ 與行員面談、人工分析 —約莫數週→ 融資

IT企業

電商、會計網站等 → 收集並分析營業額、工作評鑑、財務資訊等 —最快當天→ 融資

AI帶來的改變⑦物流(1)

物流作業全部都可活用AI

在將生產商品送至消費者手中的物流業界，過去需要許多人手。一說到物流，各位腦中或許會浮現商品的**配送（運送）**，但除此之外，還包括**裝卸、保管、資訊管理、流通加工、揀貨、包裝捆扎**等各種流程。

裝卸是指，搬運運輸、保管等的商品與倉庫進出的工作。較重的商品使用堆高機、起重機等機具。保管是指保存產品，比如在夏秋生產電暖爐，等到天氣變冷馬上就能出貨。

資訊管理是，管理哪件商品有多少庫存；存放於哪個間倉庫、物流中心；商品現在正運往哪裡。流通加工是指，標上日常用品、衣物等的價格標籤，檢查商品有無不良品或者刮痕等，製作成品的加工作業。揀貨是，從貨架上選出準備出貨的商品。包裝捆扎是，為防止毀損、附著髒汙，將商品裝進紙箱等的作業。

在物流業界，過去被認為難以機械化、自動化。

比如，揀貨需要正確取出形狀、大小不同的商品，所以不易機械化，揀貨完搬進配送車、在配送地點卸下商品需要以人力進行，加上作業人員長時工作、肉體勞動等，造成疲憊、人手不足的嚴重問題。此外，網路購物、網路拍賣、網路市集等的普及，增加了少量配送，這也變成了人員的負擔。

機械化、自動化困難的物流業界

資訊管理

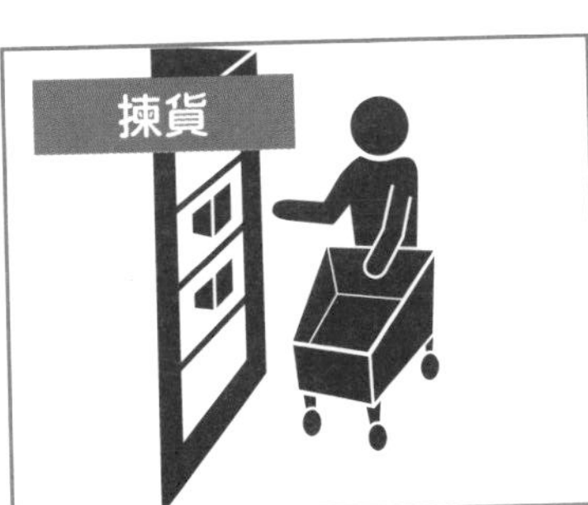

過去大多仰賴人力，難以機械化、自動化

AI帶來的改變⑦物流(2)

透過AI、自動駕駛實現「強大物流」

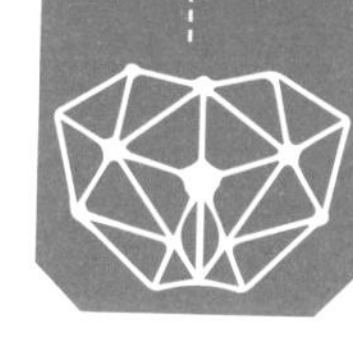

物流業界過去被認為難以自動化、機械化，但隨著AI的導入而出現巨大的轉變。比如，前述的**揀貨**必須從眾多的庫存當中，找出商品一個個取出。

在過去，作業人員需要在倉庫內走動尋找產品，但Amazon、ASKUL（日本販售辦公用品網站）、Nitori（宜得利）等公司導入搭載AI的揀貨（或者輔助揀貨）機器人，成功大幅縮減作業時間與人事費用。這類揀貨機器人採用了三維圖像辨識系統、機械手臂的抓握控制程式等。

圖像辨識系統的進步尤其顯著，能夠自動判別產品種類、有無破損，目前正在開發區分禁止倒置、易碎物品等需要注意搬運的系統。

再來，在運送上，**3台以上卡車縱向排列行駛的「隊列行駛」**，也正在積極實證試驗。這是僅帶頭車輛有駕駛員運行，剩餘2台是追隨帶頭車輛的自動駕駛。卡車自動駕駛不僅能夠解決司機不足的問題，隊列行駛提高燃效、減少排放氣體的效果也備受期待。對此新動作，日本政府在2017年7月內閣會議通過**「綜合物流施策大綱**（2017年度～2020年度）」。為了藉此實現**「強大物流」**，提出各種施策，如重新評估庫存、高頻度運送等問題；國際標準化物流系統；縮短搬運時間、裝卸時間；減少宅配的再次配送；運用小型無人機等。

AI與機器人的商品揀貨

揀貨輔助機器人

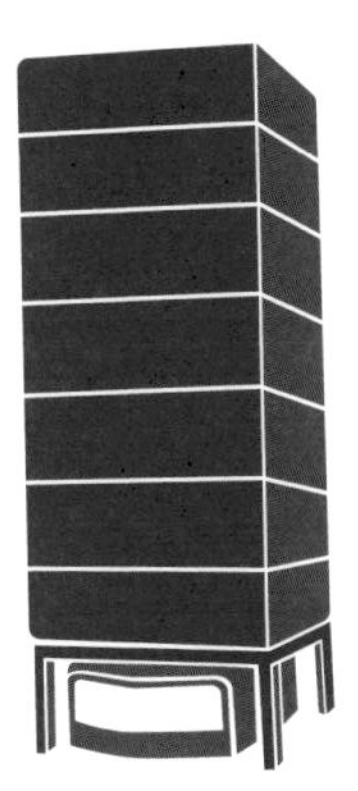

自主移動式機器人鑽進商品架下方，將貨架搬運至工作人員身邊（Amazon）

揀貨機器人

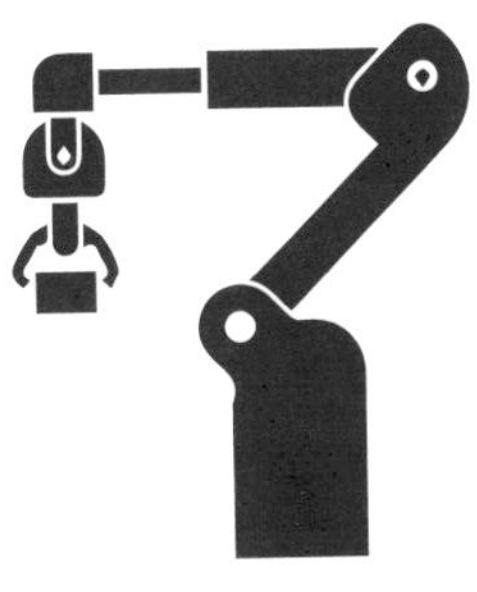

機械手臂辨識商品的形狀、大小來揀選貨物（ASKUL）

卡車隊列行駛的自動化

3台以上的卡車縱向排列行駛，僅1台有駕駛員，後面2台為無人駕駛。目前正在實證試驗

AI帶來的改變⑧保全系統

在保全系統、犯罪抑止上發揮威力的AI

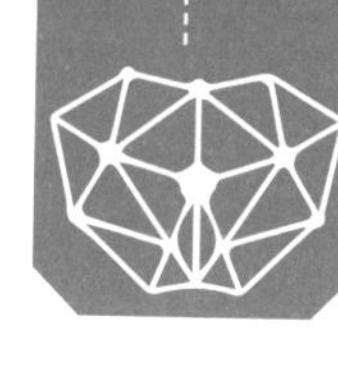

防犯、監視、監護攝影機，為我們的生活帶來安全與安心。防犯攝影機設置於銀行、便利商店等地方，發揮抑止犯罪的效果；監視攝影機以發現犯罪者為主要目的，裝設於不明顯處；監護攝影機主要用於居家照護，以及看護留在家裡的寵物、孩童。

這些攝影機加上IT、AI的機能後，功能逐漸出現巨大的轉變。**防犯、監視攝影機**搭載3D感測器、聲音辨識機能、AI後，能夠記憶人的行動模式，迅速解析可疑人物的行動，並且能連動數台攝影機，鎖定複數人物的移動路徑。另外，攝影機的精細度提升，能夠捕捉每個人的臉孔、表情，可用來鎖定犯人。**監護攝影機**則是藉由距離感測器，以3D方式檢測拍攝物是站立還是倒下。

另外，AI在美國已經用於犯罪預測。內布拉斯加州（Nebraska）林肯市（Lincoln）警察署，讓AI詳細學習林肯市的犯罪記錄（5年份、11萬件），預測數小時內可能發生的犯罪種類、場所，指示警官前往巡邏。

再者，在芝加哥警察署，讓AI製作未來可能成為被害者的清單（40萬人份）。如同上述，治安良好與監視是一體兩面，今後仍需關注監視系統侵害個人隱私、人權的可能性。

為生活帶來安全的防犯、監視、監護攝影機

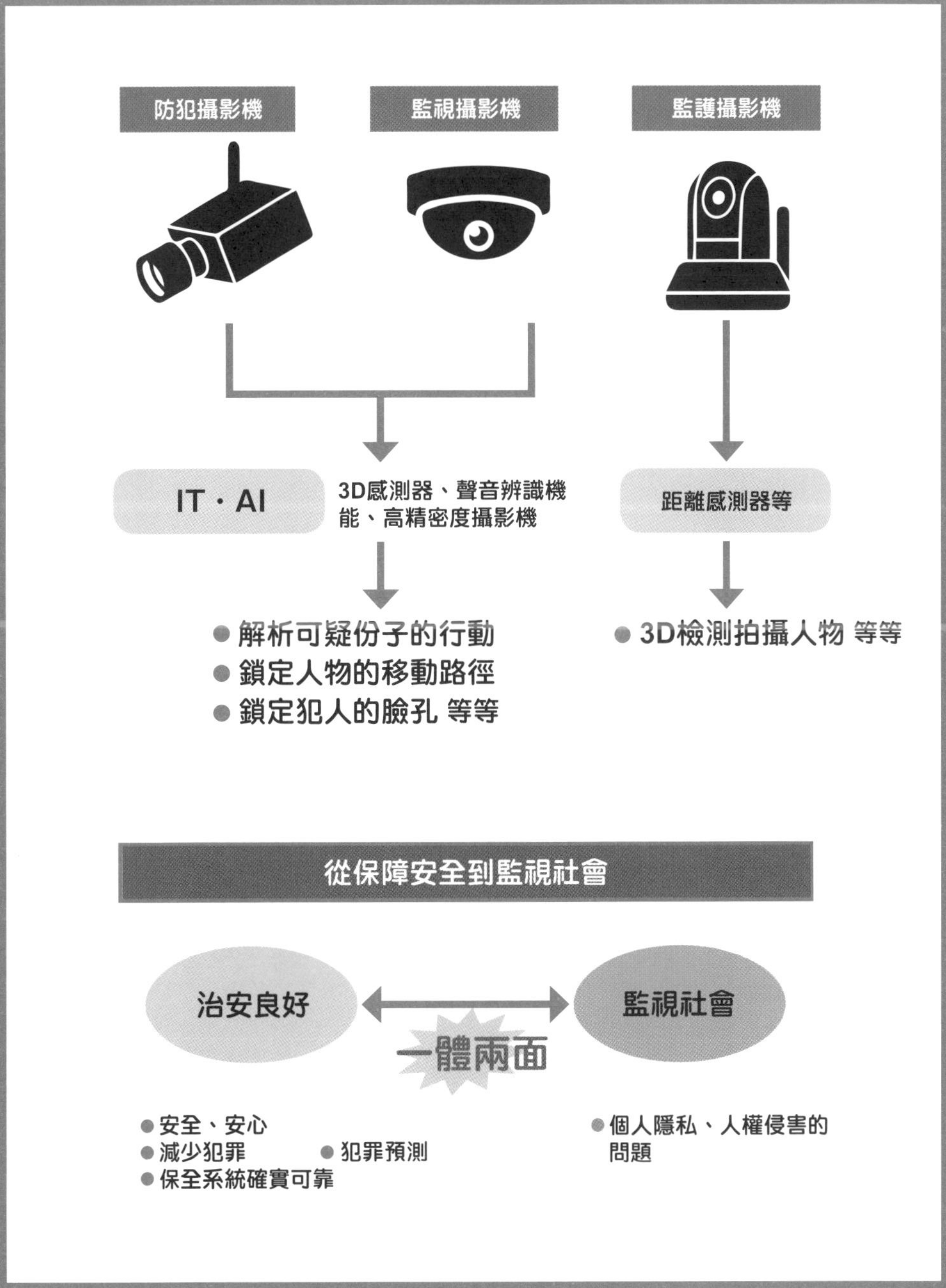

防犯攝影機　監視攝影機　監護攝影機

IT・AI　3D感測器、聲音辨識機能、高精密度攝影機

距離感測器等

- 解析可疑份子的行動
- 鎖定人物的移動路徑
- 鎖定犯人的臉孔 等等

- 3D檢測拍攝人物 等等

從保障安全到監視社會

- 安全、安心
- 減少犯罪
- 犯罪預測
- 保全系統確實可靠

- 個人隱私、人權侵害的問題

AI帶來的改變⑨市場營銷(1)

運用AI與大數據豐富生活

AI、深度學習解析龐大的資料，能夠找出其中的規律性，提出人類過去無法達到的選項。因此，運用龐大顧客資料的市場營銷，也受到熱切的關注。

市場營銷是從商品開發、販售戰略到廣告宣傳的一連串流程，也就是產出「商品熱銷的機制」。為此，需要檢驗調查顧客在追求什麼的市場調查，以及報紙、網路廣告、DM等廣告宣傳活動，能夠提升多少營業額。

其實，顧客有著各式各樣的資訊，年齡、性別、居住地區等的屬性資料；商店購物紀錄、網路商店的購買紀錄、購買頻率等行動資料；問卷調查結果顯現的意向資料……。企業會活用這類資料幫助市場營銷。

然而，以人力分析數千人、數萬人單位的資料是不可能的事情。於是，就輪到AI與深度學習出馬了。**大數據**若沒有經過處理，僅只是雜亂的資訊山堆。由AI**整理、分類、解析大數據**，再透過**「資料探勘（Data Mining）」**，就能找出規律性或者新見解。

在網際網路搜尋時，**與輸入的關鍵字連動顯示廣告的「搜尋型廣告（Search Advertising）」**、**判斷網頁內容顯示相關廣告的「展示型廣告（Display Advertising）」**等，可說是生活中常見的AI範例。

顧客具有各式各樣的資訊

企業取得這些資訊來幫助市場營銷

由大數據獲得規律性、新見解

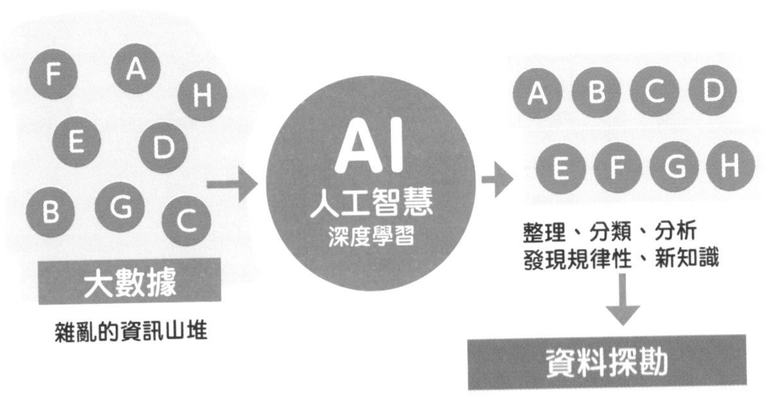

AI帶來的改變⑨市場營銷(2)

能夠預測30分鐘後未來的AI

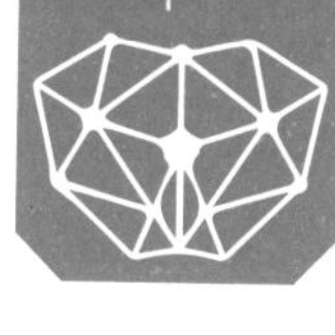

在預測上，結合日本NTT DoCoMo的手機定位資料，與計程車業者的顧客乘坐資料，再交互比對天氣、日期、星期等資訊。當人聚集到過去資料顯示許多人搭乘計程車的地點，AI就會判斷「有需求」，在計程車搭載的液晶畫面上指示前往該場所。透過輸入各式各樣的分析資料，能夠實現高精確率的預測、縮短乘客等待計程車的時間、因應活動等急增的乘車需求、提升司機的運行效率等。

如同上述，在市場營銷業界，AI與深度學習也持續展現出成果，為以往的商業帶來新的曙光。

AI也開始應用於人生大事之一「結婚」的相關服務。**在支援結婚活動的服務中，是由AI來媒合對象而非人類**。令人感興趣的是，分析項目不再是以往注重的對象收入、身高、學歷等，而是參與者在面試時寫下希望什麼樣的婚姻、如何度過假日等的文章。其中的機制是先拆解文章，由單詞、連接詞、助詞的使用順序等，推導出該人物的特徵，再讓AI學習多組過去成功步入紅毯的模式，配對相似模式的男女。

除此之外，NTT DoCoMo開發**的AI計程車**，運用龐大資料與AI，持續展現出成果，**提供從現在到30分鐘後的計程車「乘車需求預測服務」**。

人工智慧媒合結婚對象

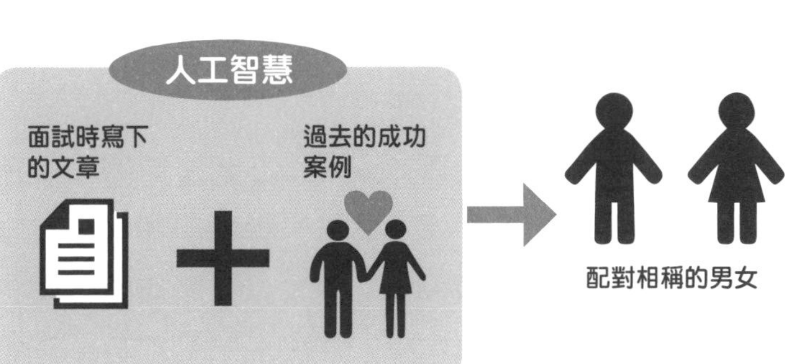

預設未來乘車需求的AI計程車

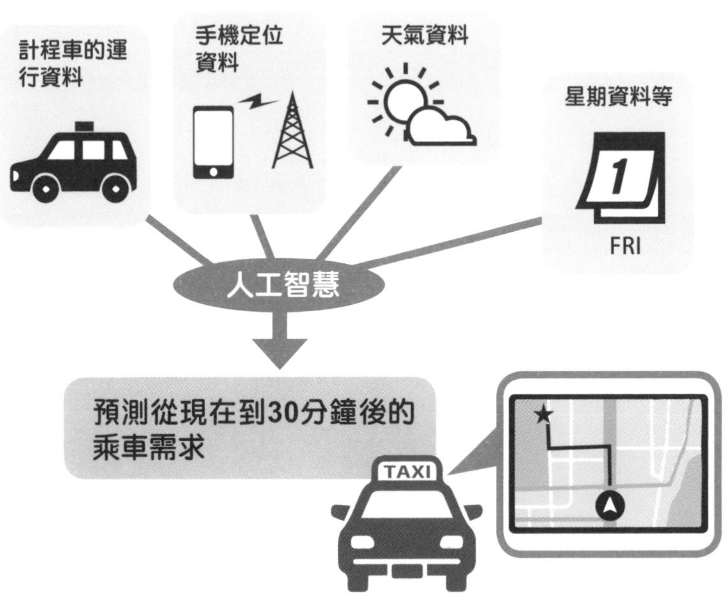

Column

AI讓遊戲變得更加好玩

講述AI開發進展時，「遊戲」是不可欠缺的要素。我們可以說，正是AI與人類在西洋棋、圍棋上的反覆競賽，促進了AI的開發。

其實，AI在現實世界活躍時，並未解決框架問題等難題。其中「遊戲AI」領域，是AI能在遊戲這個框架中大顯身手、促其進化的最佳環境。

遊戲AI的開發背景，大致分為「符號主義（監督式學習）」與「連接主義（非監督式學習）」*兩種流派。「華生」是符號主義的代表例子，「Alpha Go」則是連接主義的代表例子。

符號主義的AI是在預想範圍內一步步學習、進化；而連接主義的AI則是學習內容、進化過程存在未知的部分，蘊含無可限量的可能性。

現今，Alpha Go在學習人類的棋譜後，透過自我對戰不斷強化學習，人類已經無法解析其思考過程。將來符號主義與連接主義或許會結合起來，誕生前所未有的最強遊戲AI也說不定。

*審訂註：此觀念有待確認。

第3章

科技的進化與改變的生活

網際網路連結一切的世界

網際網路成為科技的基礎

我們現在生活於個人電腦、智慧型手機等**持續連線網際網路的世界**。然而，在1990年代網路普及之前，個人電腦的周遭環境與現在截然不同。雖然那時已有網路，但僅限於研究機構、企業使用。

網路普及帶來各種不同的改變，如不必在意距離、時間也能迅速取得資訊；每個人都**能在社群網站上發布資訊**等。僅需固定指令就能在網路上共有、流通、複製、加工**規格化後的資料**，也是其中一個例子。

比如，使用智慧型手機在社群網路投稿相片時，會先用相機拍攝，視需要利用App加工，經由網際網路上傳照片至社群網路，再附上一些說明完成投稿。想要像這樣共有、流通、複製、加工檔案，必須將拍攝的圖像規格化，才能夠在各種App、服務上利用。

在網路普及之前的類比時代，一般是使用膠卷相機拍攝照片，挑選顯像沖洗出來的成品後，在個人展等特地區供自己或他人觀看。各個過程獨立，不易複製、加工、共有。

不過，在這樣的環境當中，我們也不斷累積資料，形成現在**第三次風潮（大數據的學習）**的基石。

與全世界連接的網際網路

網際網路普及之前

個人電腦

網路

僅限於研究機構、企業使用

網際網路普及之後

遍布世界各地

容易共有、加工資料

網際網路普及之前

使用膠卷相機拍攝

底片顯像

沖洗

在個人展等，分享給有限的人觀看

網際網路普及之後

用智慧型手機的相機拍攝

加工資料
連接網際網路
上傳資料（社群網站）
輸入說明

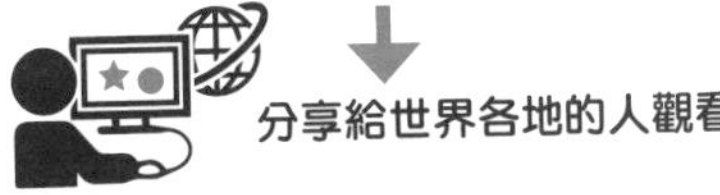

分享給世界各地的人觀看

能夠在網際網路上，共有、流通、複製、加工資料

所有的資料都保存到虛擬空間

由雲端服務進化而來的SaaS軟體

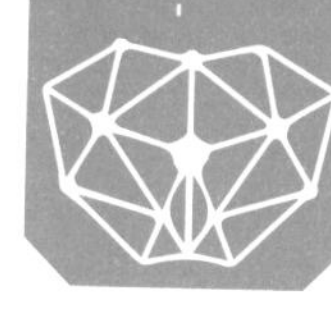

網際網路普及之後，許多人開始傳輸大量資料，高速線路的需求愈趨明顯。隨著光纖線路普及、業者（提供連接網際網路的通訊業者）的技術提升，現在變得能夠更快速傳輸大量資料。

多虧如此，跟網際網路黎明期不同，持續連線的狀態變得理所當然，利用者逐漸不再以個人電腦使用軟體、管理資料，**改為利用網路上的服務——雲端運算（Cloud Computing）**。各台電腦整備好連接網路、瀏覽器等的環境，並且支付服務費用後，**就能利用服務業者（ASP：Application Service Provider）提供的各種軟體、服務**。

對利用者來說，公司不必購買好幾十台、好幾百台的軟體，能夠在需要的期間使用需要的軟體，藉此壓低成本。

如此，過去安裝於個人電腦的**套裝軟體機能，改由雲端服務提供，這樣的模式稱為SaaS（Software as a Service）**。同為雲端運算之一的ASP，其軟體開發公司與服務提供公司不同，而SaaS則是軟體公司也提供服務。只要有網路環境就可從任何地方連接，**能夠將資料保存在網路上的儲存器（記憶裝置）**，由團隊管理、編輯資料，除了活用於商業上，也被期待用於保存個人資料。

什麼是雲端運算？

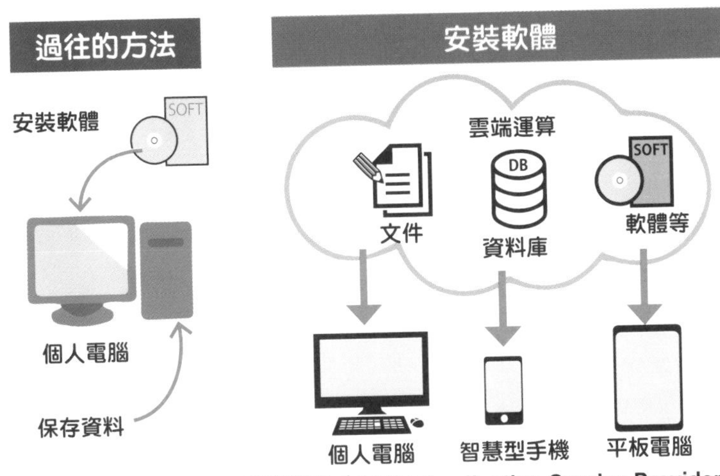

服務業者（ASP：Application Service Provider）

不必在各台電腦等安裝軟體，直接利用網路上的軟體、服務

什麼是SaaS？

在網路上叫出軟體來使用

ＩｏＴ生活①連接網路的家電

網路也能夠管理生活資訊

除了電腦、手機，汽車、電視、醫療機器等也能夠連接網路，實現通訊、操作自動化。各式各樣的東西像這樣連接網路，進行資訊傳輸、機器控制等，就稱為「**ＩｏＴ（Internet of Things）**」。

以下來舉家庭用的ＩｏＴ作為例子。**Amazon Echo、Google Home等智慧音箱，會透過麥克風辨識人類的語音，操作連動的機器搜尋資訊、播放音樂等**。其機制是以Wi-Fi、藍芽等連接網路，由內建麥克風辨識人類的語音後，再由喇叭播出**經由深度學習最佳化的**伺服器回答。

另外，也有透過感測器捕捉居住者的行動，以深度學習掌握行動模式，自動開關照明、窗簾等的系統。除此之外，使用者**也可經由智慧音箱控制數個不同的機器**。

起床時，在棉被裡對智慧音箱道「早安」，便會自動拉起百葉窗、窗簾，啟動電視、空調。出門上班時，對智慧音箱說「我出門了」，就會關掉電視、空調、照明。這些都是使用者實際使用ＩｏＴ的情景。

如同上述，運用ＩｏＴ能夠自動控制各種不同機器、家電，豐富便利我們的生活。

什麼是IoT？

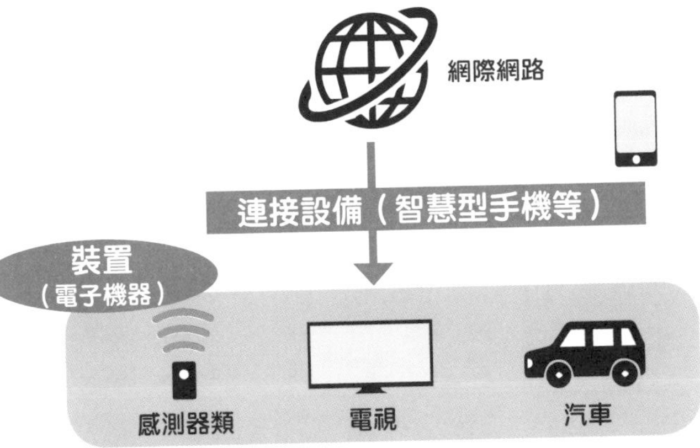

將各式各樣的機器連接網路，能夠傳輸資訊、控制機器

能透過聲音控制的IoT機器

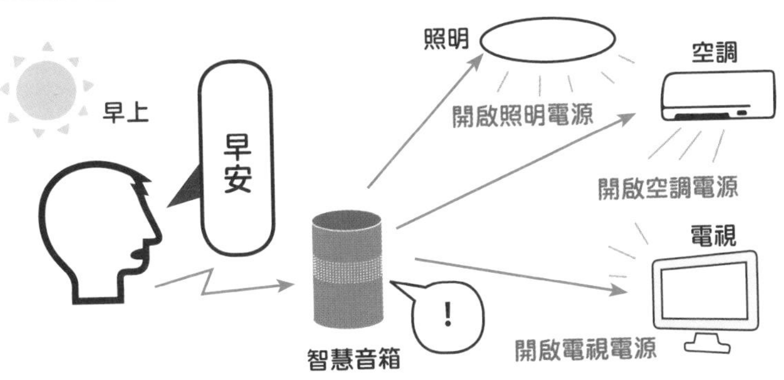

智慧音箱能夠替代主要家電的遙控器

IoT生活②更加進化的居家防護

居家警備也能透過網路管理

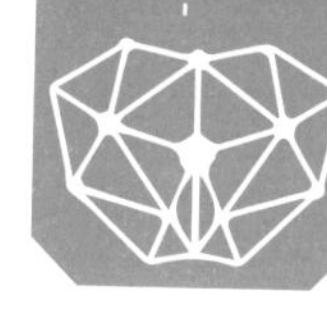

IoT機器不只能控制房間裡的家電，在**居家防護**上也可發揮威力。居家防護是在住宅內裝設感測器，當偵測到火災、瓦斯外洩、闖空門等異常，便會自動通報保全公司或者鳴響警報，守護居家環境的系統。現在也有自動關鎖門窗、開啟攝影機錄影等的IoT機器。

在防範闖空門方面，有感測到可疑人物時，立即打開窗戶、門扉的鳴響警報系統，以及透過智慧型手機App觀看防範攝影機的拍攝影像等服務。

關於居家的防護系統，有**感應智慧型手機或者卡片來開關門鎖的智慧鑰匙（智慧鎖）**、**監護並自動餵食寵物的系統**、**透過窗戶上的感測器掌握是否關鎖的系統**等，這些都是與智慧型手機連動，方便使用的服務。

今後，針對高齡者居家防護服務的需求會愈來愈高。比如，戴在手腕上的**智慧手錶，一定時間偵測不到身體動作時就發送急救通報的系統**；在戶外、室內急症發作或者受傷時，**能夠告知所在地的內建GPS攜帶裝置等**。

另外，若擔心沒有一起生活的雙親時，也有**監護系統**可在生活動線、廁所門等設置感測器，一定時間偵測不到就發送通知。這些是非常便利、備受期待的系統，但存在遇到停電便無法使用的缺點。

有助於居家防護的IoT機器

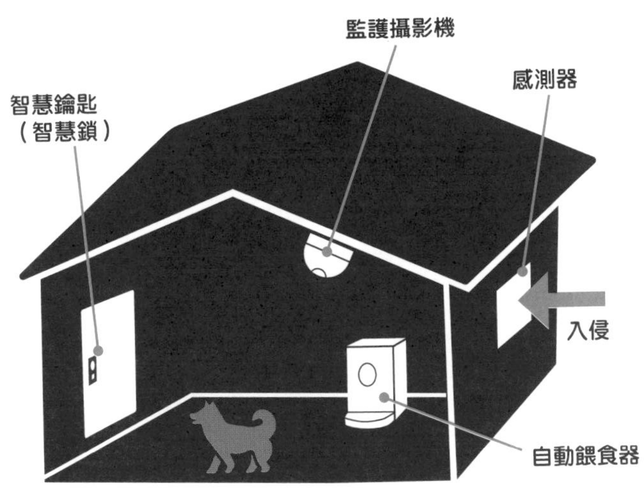

透過利用IoT機器，實現與智慧型手機連動的居家防護

適合高齡者的居家防護

能夠管理健康、急救通報的智慧型手錶

在戶外、室內急症發作或者受傷時，能夠通報的內建GPS攜帶裝置

這些需求今後極有可能提高

通訊裝置愈加小巧的日子即將到來

人類的通訊方式會進化到什麼程度呢？

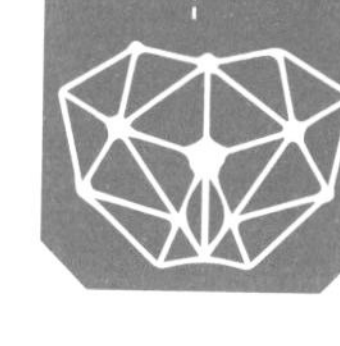

從電話機的小型化、無線化到現在主流的智慧型手機，除了通話，還具備連接網路、攝影照片、使用程式等用途。雖然因為傳輸的資訊量增加、裝設液晶螢幕等配件而出現大型化的趨勢，但今後會進化成什麼樣的形式呢？

現在能夠想到的可能性之一是，以**穿戴式裝置**增加資料管理、監視畫面、控制器等功能。穿戴式裝置如同其名**「穿戴式（wearable）」**，能夠穿戴在身體上，記錄身體資料、行動日誌，即便沒有隨身攜帶智慧型手機也能夠收到電郵、訊息的通知。

以腕帶型智慧手錶為首，還有頭戴顯示器型等，隨著人們的健康意識抬頭，愈來愈多人用於記錄血壓、心跳數等健康管理。

另外，未來受到矚目的，或許是比穿戴式裝置更進一步的**植入型「植入式裝置」**。

這是在人體內植入微晶片、微電腦，透過收集體內資料、收發資料，發揮健康管理、鑰匙卡的功能等。

然而，植入的微晶片、微電腦會對人體及精神帶來什麼樣的影響，目前仍是未知數，也有許多人對體內埋入異物感到排斥，距離普及還有許多課題尚待解決。

什麼是穿戴式裝置？

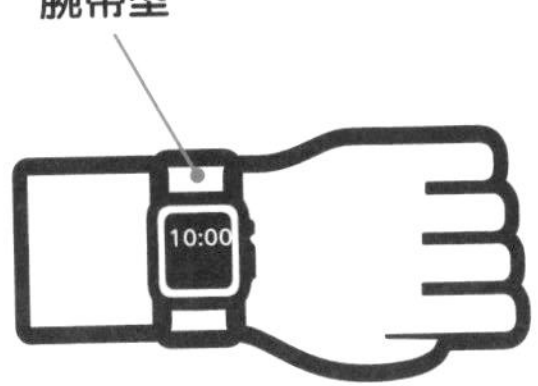

智慧眼鏡
頭戴顯示器的一種，在鏡片前裝設顯示器

智慧手錶
健康資料、郵件來電通知機能等

穿戴在身上以記錄健康資料、行動日誌等的裝置

從穿戴式裝置到植入式裝置

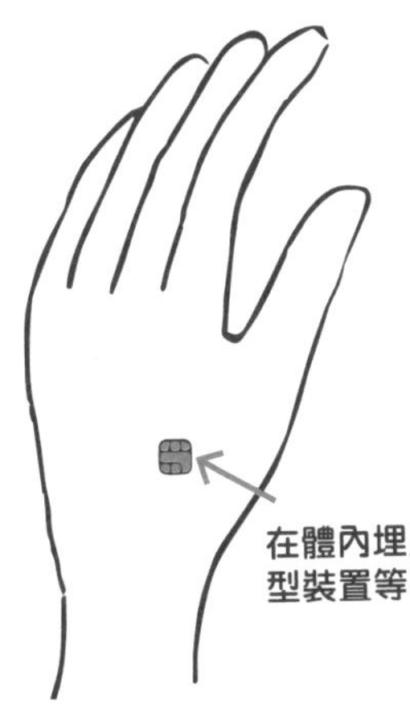

植入式裝置
埋入身體的裝置

取得健康資料、代替鑰匙卡

透過智慧型手機的AR體驗新的現實

AR與GPS融合現實與虛擬

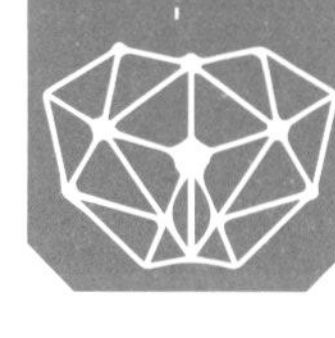

自2009年智慧型手機問世以來，隨著持有台數的增加也開發了許多App。其中又以遊戲程式的數量最多，同時也導入了**AR技術**等新的嘗試。

同年，日本很快釋出「Sekai Camera」這款使用AR的應用程式，一時蔚為話題。開啟App將相機朝向什麼都沒有的空間，空中就會浮現標示店家等資訊的看板（空氣標籤：Air Tag）。在初次到訪的地方啟動App，能夠讀取其他人標記的資訊，提供劃時代的使用體驗，相當具有人氣。

其次是2013年釋出的《Ingress》，**將自己所在位置的GPS（全球定位系統）資訊融入AR**。在播放出與現實世界相同道路、相同場所的場域展開「占地遊戲」，必須實際前往該處才能推進遊戲，提供了全新的體驗。

開發這款遊戲的是原Google內部的創業公司Niantic。2016年推出使用相同科技的《Pokemon GO》，再度掀起一股社會現象。今後，融合AR與GPS的遊戲肯定會繼續開發，提供我們更不一樣的體驗。

除此之外，在觀光中也積極運用了AR。觀光地標記的資訊可由App取得，引導觀光客閱讀連結的文字、影片內容。再加上App的特性，外國人可以選擇熟悉的語言，日本政府現在正討論是否運用於2020年的東京奧運上。

AR＋GPS遊戲的機制

重合顯示虛擬空間與現實世界

觀光地的AR運用

拍攝觀光地的風景、建築，就能取得相關資訊
海報、招牌除了AR技術之外，
也可採用QR碼讀取的類型

電動車的優勢與科技

電動車大幅改變汽車業界

全球暖化、氣候異常等，在人們對環境的關心愈趨高漲中，汽車業界飽受了責難。不但排放氣體規制變得嚴格，荷蘭、瑞典、英法德分別將在2025年、2030年、2040年，禁止販售汽油車的新車。於是，全世界的汽車廠商加快腳步將開發從汽油車轉為友善環境的**電動車（EV）**。

那麼，當汽車轉為EV後，汽車產業將會有何轉變？

汽油車是在引擎燃燒汽油來行駛，而EV需要的是電池與馬達（電動機），最大的不同是EV「不需要引擎」。因此，能夠大幅減少點火裝置、進排氣裝置等使用零件，可以想見，過去由廠商轉包的中小零件廠商將遭到淘汰，成車廠商居頂的金字塔型結構將崩壞，車體價格也將下跌。

然後，車體轉為以電子零件為主的結構，能夠組裝通用零件，所以其他業種企業也可參與汽車業界，競爭將會愈發激烈。再加上能夠搭載自動駕駛、AI等IT類科技，跟不上的廠商只能面臨被淘汰的命運。關於EV的電池、充電時間等問題，預計高容量且能夠短時間完全充電的**「全固態電池」**實用化後，這些缺點就能獲得解決。

汽車業界將如何跨越「百年一次的大變革」，備受人們關注。

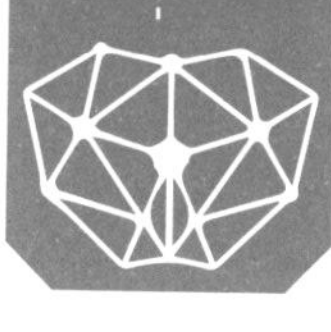

汽油車與EV（電動車）的不同

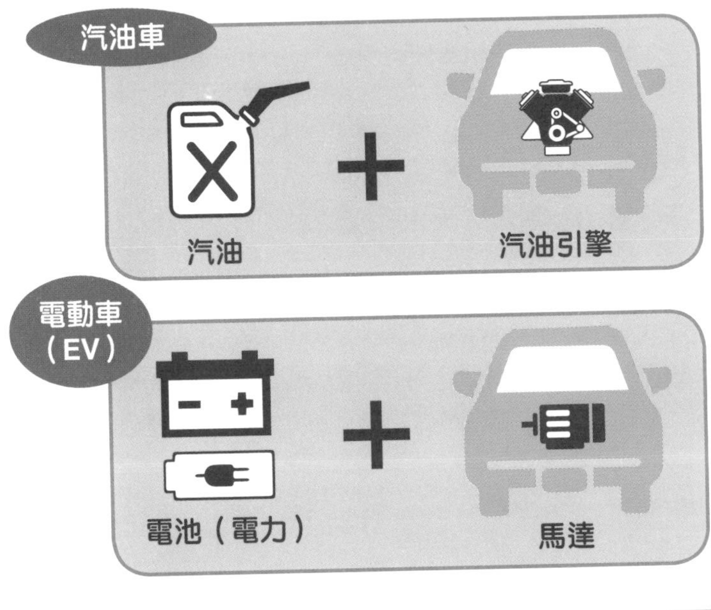

EV轉換改變產業結構

未來的衣服將以高機能化學纖維為主

充分活用纖維的機能，衣服設計也將改變？

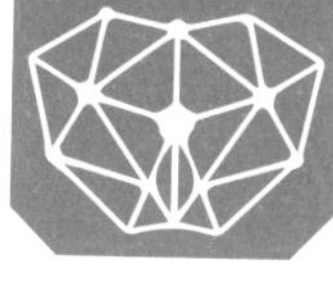

在我們生活所必需的衣服上，機能與設計與過去相比進步許多。

衣服是一種織品，仔細看會發現是由纖維組合而成。這個纖維有**羊毛、棉等從動植物取出的天然纖維，與由石油、蛋白質等作成的化學纖維**，這兩種纖維再根據原料、製作方式，可分成合成纖維、半合成纖維、再生纖維等。

其中，化學纖維在技術革新、生產量增加有顯著的表現。尤其聚酯纖維、尼龍纖維等，添加特殊機能的**「高機能纖維」**可說是最好的例子。市面上出現纖維本身具有伸縮性的**彈性纖維**、吸汗後變暖和的**吸濕發熱纖維**、快速吸收汗水乾燥的**吸汗速乾纖維**、抑制汗水汙垢增殖細菌的**抗菌防臭纖維**等，採用**吸濕發熱纖維**的Uniqlo「HEATTECH」，發售後即大受歡迎。

化學纖維的特徵有原料供給穩定，能夠大量生產；可加工防水、保溫；色彩豐富，容易回收。尤其能夠製作具防風、有彈性等機能的衣服，這都是化學纖維的優勢。

比如，將纖維絲的內部空洞化，藉由積存空氣，實現暖和與輕量；除了素材，在織法上下工夫也能夠降低透氣性。此外，市面上也有**用於防彈背心、消防服的超級纖維**等，今後將會陸續推出因應各種用途的高機能衣服，精準服貼身體的衣服設計也會愈來愈多。

纖維的種類

天然纖維	化學纖維	
 羊毛	 石油 ⬇ 合成纖維（聚酯纖維、尼龍纖維等）	 纖維素（cellulose）＋化學藥品 ⬇ 半合成纖維（醋酸纖維等）
 棉	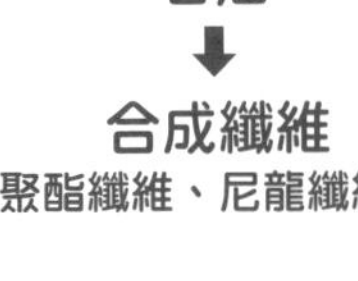	

具各種機能的化學纖維衣服

防風

吸汗快乾

保暖

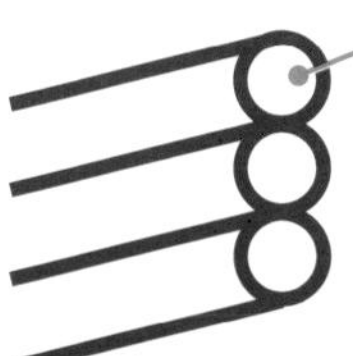

伸縮性

將人才變為人財的HR科技①

由AI面試的時代來臨

改變生活的科技，還有**HR科技（Human Resources × Tecgnology的複合詞）**。其目的是**解決作業量繁重的大企業人事部門所面臨的課題，並且接手原本的人才育成、企業戰略**。這不僅限於大企業，因應工作方式改革的潮流，此領域還蘊藏了改變人們工作形態的可能性。

其中，**錄用面試加速導入了IT與AI**。面試分成**數位面試與AI直接面試兩種流派**，數位面試有Google Hangouts、Skype採用的即時面試類型，與將回答預設問題錄成影片寄回的類型。智慧型手機的普及消除IT落差，任誰都能夠投遞履歷的環境，也成為導入AI的背後推手。2018年，以大企業為中心，導入了AI面試解決方案，由AI進行書面審查、第一次面試。

過去的書面審查、筆試成績、面試的評斷標準以及後來的就業傾向等，將這些判斷材料存入資料庫，**讓AI不以優劣而是以配對的觀點來判斷**。比如，文章的展開是否具有邏輯、是否正確使用專門術語等，都是判斷的材料。人們期望藉此減少徒勞的面試。

目前已經導入畢業生統一集體雇用制度，今後除了大企業，若中小企業也跟進，可以想見企業方的招聘機會、工作人員的轉職機會勢必增加，促進人才流動化。如此一來，人們將能找到比以前更符合自己的工作方式。

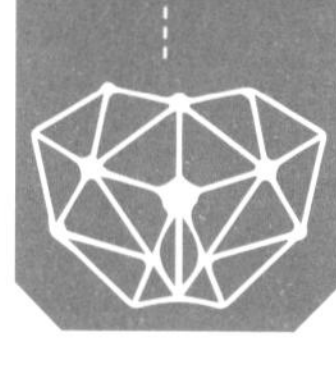

HR科技的目的

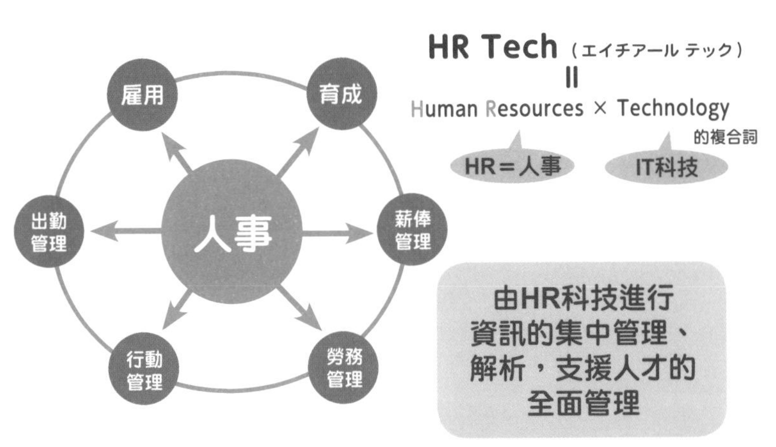

AI面試的機制

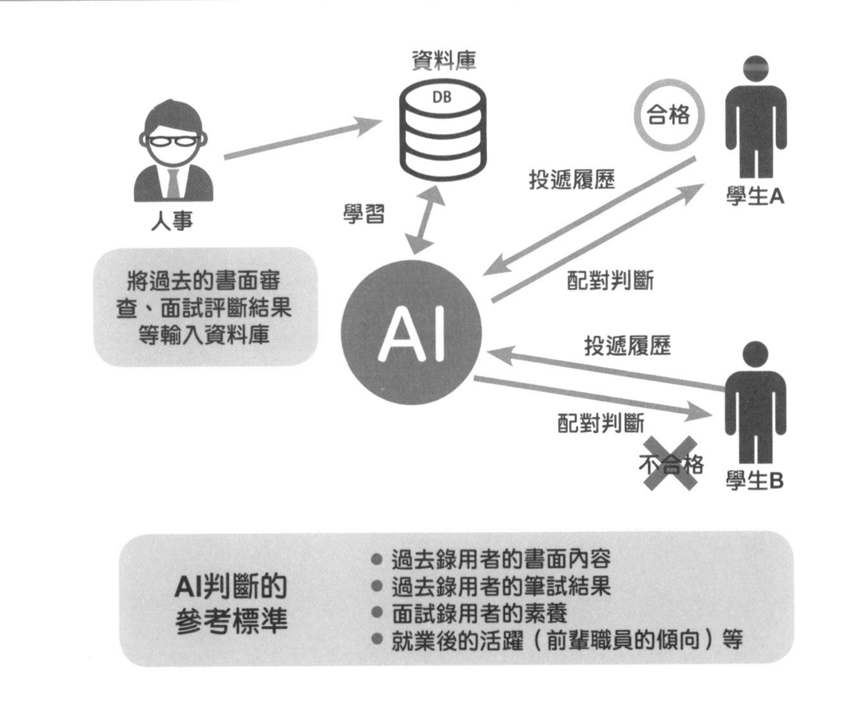

AI判斷的參考標準

- 過去錄用者的書面內容
- 過去錄用者的筆試結果
- 面試錄用者的素養
- 就業後的活躍（前輩職員的傾向）等

將人才變為人財的HR科技②

人事工作改變了，工作方式也會跟著不同？

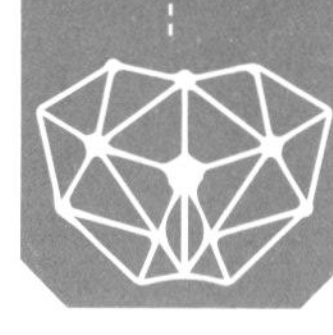

HR科技的主要任務是**企業的人事改革**。從人才雇用、育成評鑑到人才配置等，人事的工作分成許多面向。

單單面試，就得設定期望人才等的招聘條件，準備畢業生、轉職者的個別面試。評鑑後，還要設立二次面試……。從收集及管理個人資訊、個別聯絡到寄發錄取通知書等，這些事情的作業量與資訊量非常龐大。HR科技提供的服務，就是使用IT與AI來解決這些課題。

基本的機制是，事先將人事負責者管理的資訊（錄用、評鑑、出勤等）輸入伺服器累積。UI（使用者介面）為瀏覽器，即便電腦知識貧乏的人也能夠操作。

然後，將資料傳至集中管理應用程式，轉為資料庫儲存。接著，由AI進行分析、解析，瞬間顯示人事需要的資料。

這個解決方案不僅用於管理工作人員，在評鑑方面也備受期待。人評鑑人會摻入雜念，但AI的解析結果是公平的。

在美國，已有許多企業導入了自2000年左右就受到矚目的人才管理解決方案。然而，日本過去倡導終身雇用，遲了約十年才引進。如果**AI的評鑑**能夠實現，就能不受下屬、上司影響，**正確評鑑個人的能力、成果**，減少員工對企業產生不滿，進而提升每個人作為人才的價值，促進轉職等流動性工作型態。

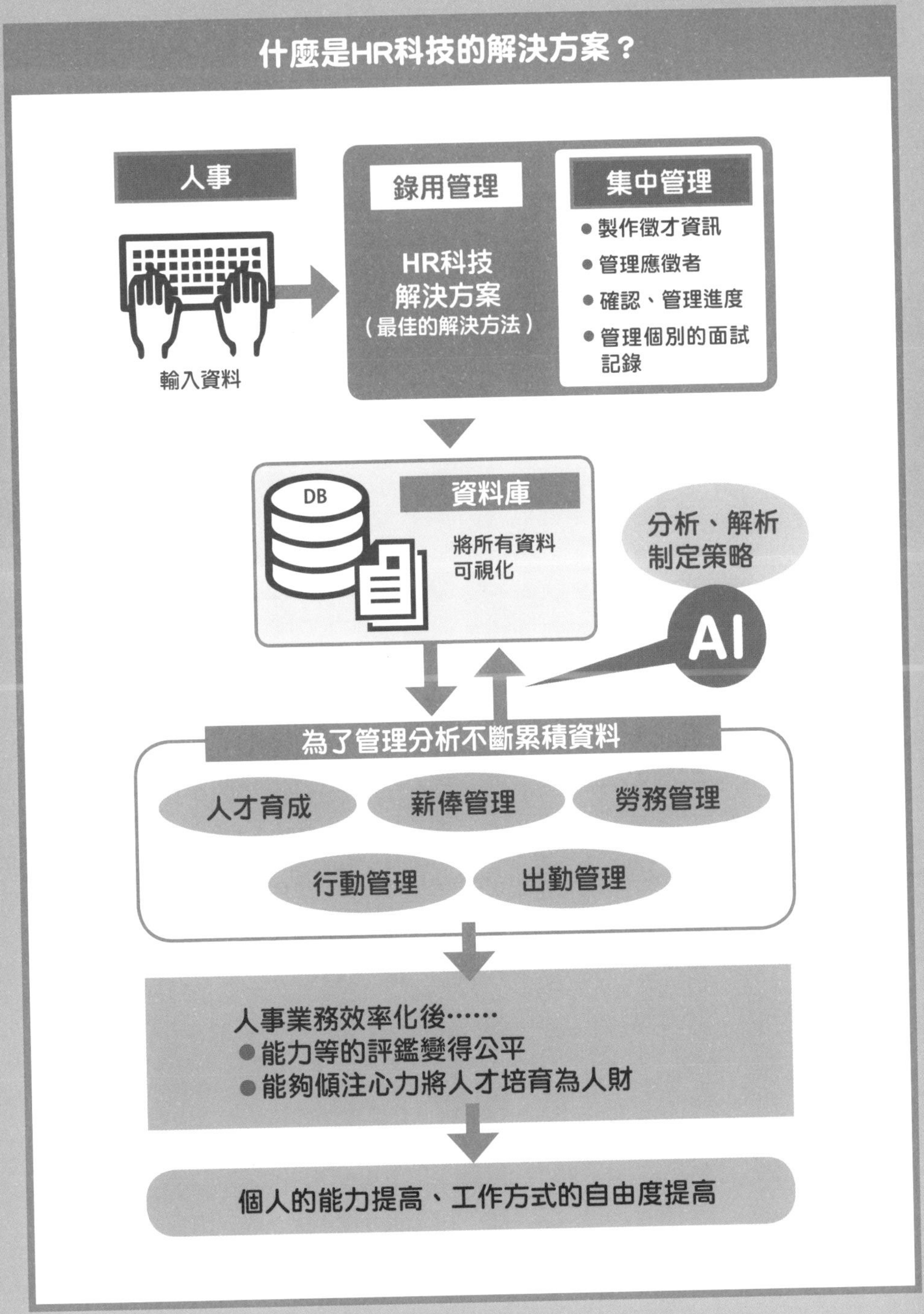

什麼是HR科技的解決方案？

人事

輸入資料

錄用管理

HR科技
解決方案
（最佳的解決方法）

集中管理

- 製作徵才資訊
- 管理應徵者
- 確認、管理進度
- 管理個別的面試記錄

DB

資料庫

將所有資料可視化

分析、解析
制定策略

AI

為了管理分析不斷累積資料

人才育成　薪俸管理　勞務管理

行動管理　出勤管理

人事業務效率化後……

- 能力等的評鑑變得公平
- 能夠傾注心力將人才培育為人財

個人的能力提高、工作方式的自由度提高

改變金錢概念的虛擬貨幣①

虛擬貨幣的歷史與其背景

在**金融科技（金融×科技）領域，虛擬貨幣**有可能會改變我們的生活。虛擬貨幣不是**某種硬幣、紙鈔，而是一種假想貨幣，透過交換加密資訊進行交易**。因為這項特質，又被稱為密碼貨幣。

在網路遊戲內的限定社區，比如規定1分資料＝10日圓等，進行個人之間的交換，這就是虛擬貨幣。虛擬貨幣在現實世界中無法使用。

然而，根據Satoshi Nakamoto（本名、國籍不明）於2008年發表的論文，人們逐漸認識**區塊鏈技術**（參見下節）可堅固加密每個資料塊，進行安全的交換。接著在2009年交易虛擬貨幣的軟體問世，人們開始運用比特幣等貨幣。2010年美國程式設計師使用比特幣購買了2片披薩，被認為是虛擬貨幣最初的交易。

因為不是國家正式發行的貨幣，虛擬貨幣過去被認為不可靠、不可信，但鑑於技術高端與使用方便，2012年歐洲銀行、2013年美國財務部金融犯罪防治署（Financial Crimes Enforcement Network）承認為貨幣。日本要到2016年左右才開始認定，**根據2017年改定的《資金結帳法（虛擬貨幣法）》，承認虛擬貨幣具有價值**。為什麼虛擬貨幣會受到期待呢？這是因為**高端的加密技術確保其安全性**，能夠在網路上輕鬆交易，而且虛擬貨幣是**不受限於國家、銀行的貨幣**。從下一節開始，我們來看支援虛擬貨幣的科技吧。

虛擬貨幣的起源與發展

2008年	● Satoshi Nakamoto發表關於虛擬貨幣的論文 ※未能確認是否為本名、是否為日本人
2009年	● 交易比特幣的軟體問世，開始運用虛擬貨幣
2010年	● 美國程式設計師以1萬比特幣購買2片披薩，被認為是虛擬貨幣最初的交易
2017年	● 日本施行改定的《資金結帳法（虛擬貨幣法）》 ● 日本家電量販店Bic Camera，在收銀台、網路商店導入比特幣結帳系統
2018年	● 1比特幣升值到約70～80萬日圓

與過往貨幣的不同點

一般貨幣

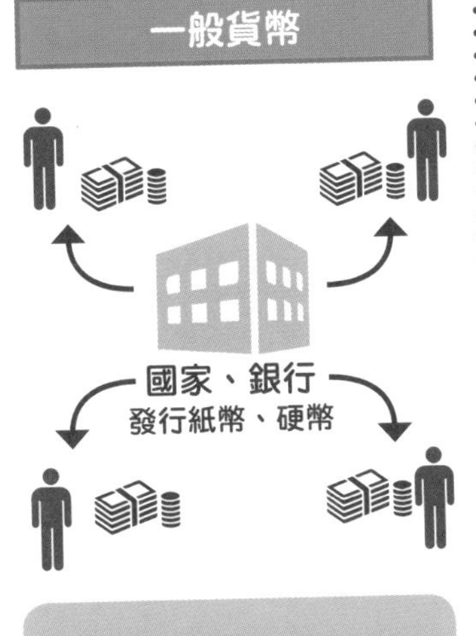

由國家、銀行發行，進行管理、記錄

虛擬貨幣

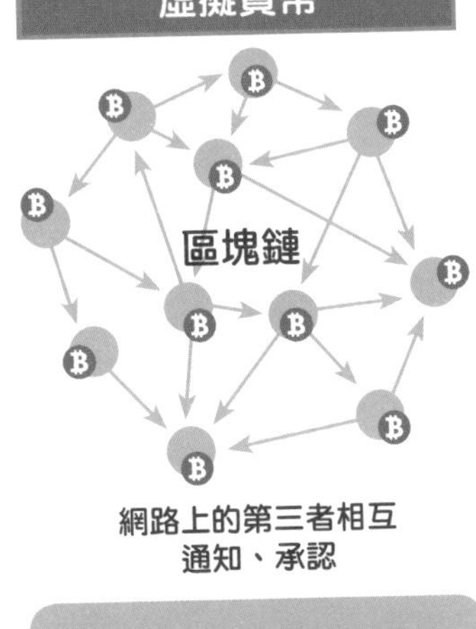

網路上的第三者相互通知、承認

由大家分散資料（區塊鏈），進行管理、記錄

改變金錢概念的虛擬貨幣②

什麼是區塊鏈科技？

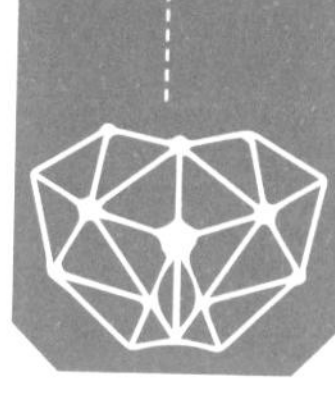

虛擬貨幣是成立在**區塊鏈**（**分散式帳本**）這項科技上。這是**分散管理交易資訊的技術**。

輸入交易資訊後，資料會產生1個區塊。這個區塊除了交易資訊，還**附加了由複雜演算法產生的「雜湊值（Hash Value）」**，**與計算雜湊值的參數「隨機數（Nonce）」**。

各個區塊分散存在於網路上，以網路共享技術**點對點網路（Peer-to-Peer）連接**。在這個網路上，存在生成第一個區塊的人與看得到該內容的人們，經由網路上參與者的承認生成第二個區塊。反覆上述工序所產生的連結區塊，稱為區塊鏈。

區塊鏈在安全方面堅固，若在10個連接區塊中，想要惡意竄改第3個區塊，後續的7個雜湊值會全部改變。然而，雜湊值是使用複雜的演算法加密，在技術上幾乎不可能竄改。

沿循這個流程，三菱日聯金融集團也自2017年積極開發新型區塊鏈。

此外，除了金融業界，也開始應用在其他領域上。比如，共享與管理醫療領域病歷等的診察資訊、大學的研究成果。在製造業上，也被期待應用於從零件到組裝的供應鏈管理等。

區塊鏈的機制

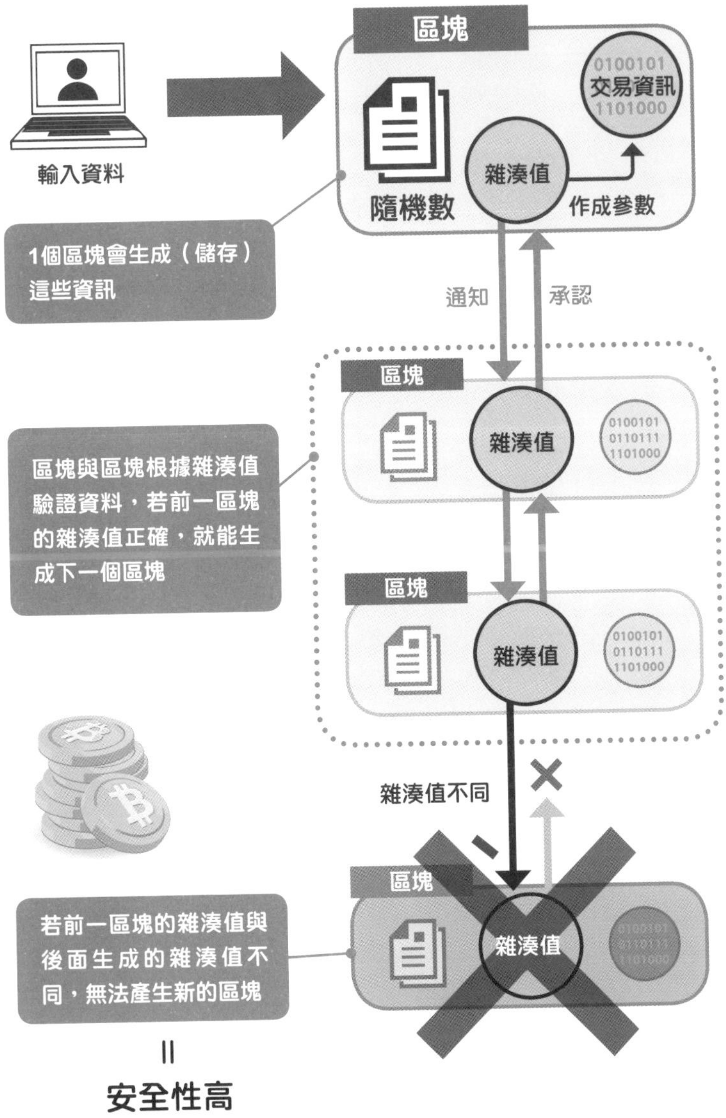

輸入資料

區塊

隨機數

雜湊值

作成參數

0100101
交易資訊
1101000

1個區塊會生成（儲存）這些資訊

通知

承認

區塊

雜湊值

0100101
0110111
1101000

區塊與區塊根據雜湊值驗證資料，若前一區塊的雜湊值正確，就能生成下一個區塊

區塊

雜湊值

0100101
0110111
1101000

雜湊值不同

區塊

雜湊值

0100101
0110111
1101000

若前一區塊的雜湊值與後面生成的雜湊值不同，無法產生新的區塊

||

安全性高

改變金錢概念的虛擬貨幣③

虛擬貨幣要用來結帳還是投資？

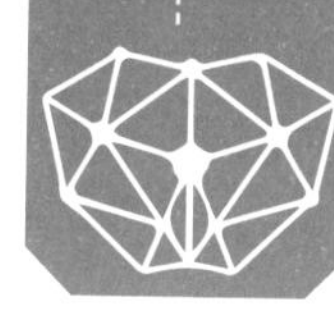

接著，我們來看身邊常見的虛擬貨幣結帳機制。

首先，**想要持有（購入）虛擬貨幣，必須先在國內的虛擬貨幣交易所開立帳戶**。這邊跟證券交易所具有相同的機能，能夠用**該國貨幣交換（購入）實際不存在的虛擬貨幣**、買賣虛擬貨幣。

買進的虛擬貨幣能夠放在交易所管理，但若想要個人持有，可用虛擬貨幣交易所提供的App「錢包（Wallet）」，以電腦、智慧型手機進行管理。

實際在店家收銀台利用時，操作跟信用卡、電子貨幣的結帳系統相同。比如以行動錢包結帳時，**可使用App讀取店家裝置生成的QR碼**。至於網路購物則有多種手法，基本形式都是從錢包輸入付款對象。雖然目前日本導入的零售店不多，但設備成本比信用卡結帳低，且零售店等的手續費僅1％，不難想見虛擬貨幣將會普及。

另一方面，比特幣可能比購入時增值好幾十倍，**以投資為目的持有比特幣的人也愈來愈多**。

不過，因為沒有國家、企業介入，難以明確預測虛擬貨幣的價值變動，存在高風險的問題。如果今後虛擬貨幣的流通變得稀鬆平常，除了利用既存的金融機構匯款，個人之間也能夠利用虛擬貨幣完成交易，可預期將會活化社會經濟。

購買比特幣的方法

虛擬貨幣交易所

開立帳戶

錢包（App）

入款、購買

能夠持有虛擬貨幣

用比特幣結帳的方法

網路購物

在自己的錢包（付款人）與對方的錢包（受款人）輸入指定的金額結帳

店家收銀台

使用智慧型手機App讀取店家裝置顯示的QR碼結帳

個人與個人 → 個人間也能夠藉由雙方的虛擬貨幣交易所，指定錢包匯款

第1章
第2章
第3章
第4章

Column

所有裝置相互連接的危險性

過去連接網路需要使用個人電腦、智慧型手機，這是抱持「連接」意識的行動。然而，以IoT連接所有裝置的生活將會變得如何呢？

今後，不只以連結網路為前提開發出來的產品，就連生活家電（冰箱、洗衣機、冷氣、電視等）、家門鑰匙都夠連接網路。再加上，如果除了智慧型手機之外，也可用Amazon、Google販售的智慧音箱進行簡單的操作，連接網路應該會昇華成無意識的行動。

可以想像生活將為之一變，變得極為便利，但同時也會出現網路安全性的問題。

如果沒有意識地「連接」或者「連上」網路，居家網路可能遭到懷有惡意的駭客入侵，所有家電變得無法使用，甚至可能被盜走裡頭儲存的個人資料。

但是，個人防護是很困難的，產品開發公司、軟體開發公司等強固彼此之間的安全性成為當務之急。然後，如何謹慎留意「連上」網路一事，也成為我們自身今後的課題。

第 4 章

科技的前景、問題點與未來

會出現擁有自我意識的AI機器人嗎？

AI不會對人類造成威脅嗎？

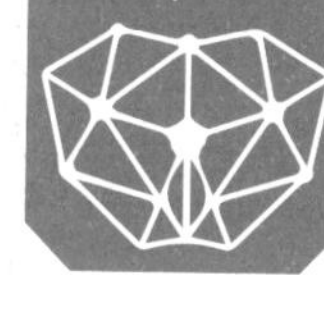

AI具有遠比人類更優秀的高精度運算力、處理速度、資訊保存量等，優秀到經常讓人誤以為「AI無所不能」，但實際上AI也有做不到的事情。這可由**「強AI」「弱AI」**兩個詞看出端倪。

「強AI」是指，AI黎明期開發者們所追求、在所有面向皆優於人類的AI。就意象來說，接近原子小金剛、哆啦A夢、《2001太空漫遊》（*2001: A Space Odyssey*）的HAL9000等漫畫、動畫、科幻電影中登場的機器人或者AI。

結果，強AI的製作如同我們所見並不順利，開發者轉為研究強化特定領域的AI，稱為「弱AI」。就連擊敗人類的專業選手，震驚全世界的深藍、Alpha Go也不是萬能的AI。

那麼，強AI的研究終止了嗎？其實沒有。研究者們**正在探索人類的大腦機制，設法將其應用於電腦的思考模組，並檢討能否將人類的大腦整個模組化**。

不久的將來，模仿人類大腦機制的強人工智慧，可能不再只是夢想。若真的實現，人們將遇到另一個問題：會出現擁有自我意識的人工智慧嗎？

行為舉止貌似人類與實際擁有自我意識是兩回事，但就現階段來講，我們還不能確定能否實現模仿人類的大腦。

強AI與弱AI

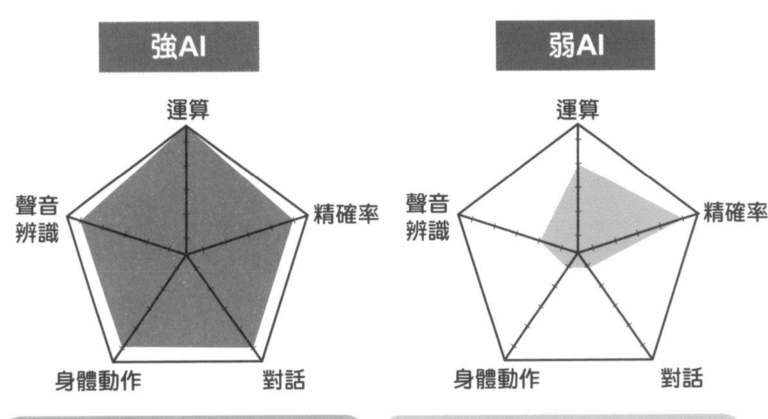

※註：強AI、弱AI原本的意思是「假設AI具有與人類相同思考能力的立場」「主張AI僅是模擬人類思考的哲學立場」，但現在已經演變成本書所記述的內容。

人工智慧會擁有自我意識嗎？

即便行為舉止貌似擁有自我意識，人工智慧也未必真的擁有自我意識

AI與人類共存的未來

AI離開數位空間後會如何呢？

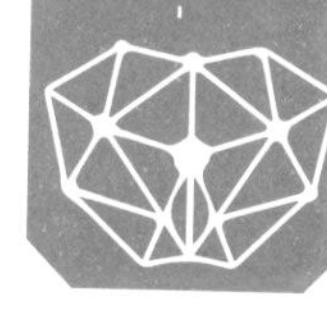

AI在這20年左右出現長足的進步。其中，1980年代末搭載AI的高性能電腦、網際網路、擴展電腦活動範圍的感測器類發展顯著，多虧結合這些科技才能夠有如此巨大的改變。

我們平常會以電腦、智慧型手機上網，搜尋資料、使用遊戲程式。此時，裝置就會連接資料中心、伺服器群，留下各種資訊（資料日誌），如搜尋關鍵字、商品的購買履歷、遊戲程式的登錄……等等。每天大量累積的大數據，對AI來說是豐沛的成長糧食。

正因待在這樣的網路數位空間，AI才能發揮巨大的威力。在瀏覽器上搜尋資料，能夠瞬間列出準確的網站，也可說是受惠於AI。

隨著網路上傳輸的資料量飛躍性增長，AI的功用將會變得愈發重要。

然而，**一離開數位空間，AI就沒辦法臨機應變**。比如，必須先整理居家空間，掃地機器人才能夠順利清掃。**機器人、AI僅能在限定框架中活躍**，人類得營造在某種程度上接近框架條件的狀態。

因此，AI、機器人在人類設定好的框架中活動，這樣的狀態應該還會持續好一陣子。

在數位空間發揮威力的AI

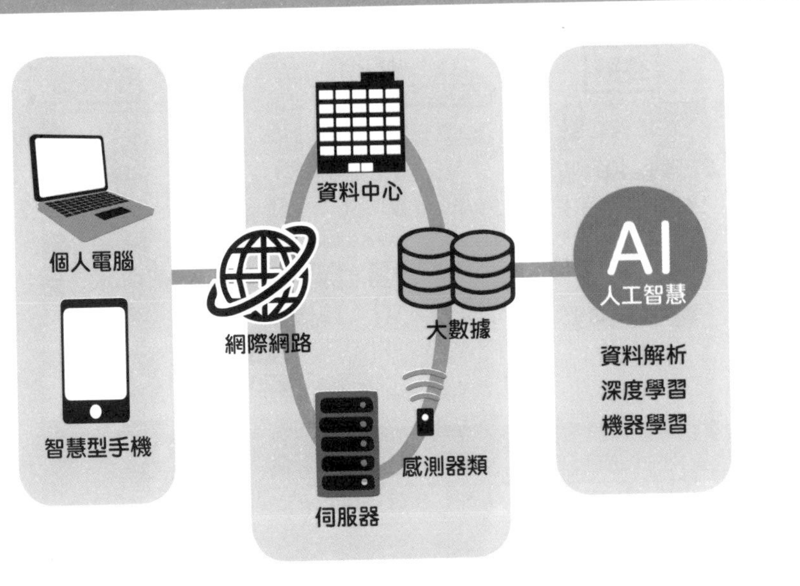

僅能於框架中發揮威力的AI

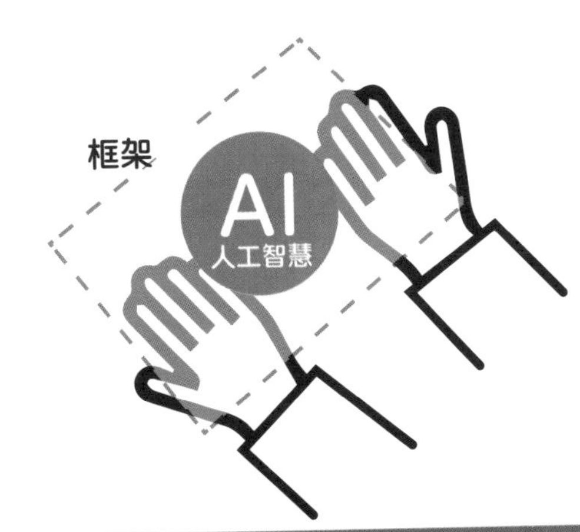

暫時還必須由人手設定好框架來驅動AI

臨界點「技術奇點」將會如何變化？

預測2045年將會發生的重大變化是？

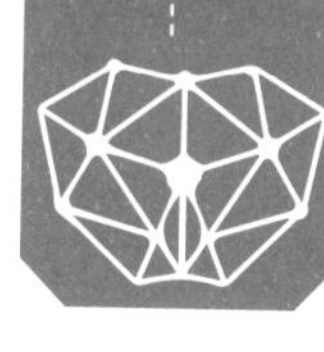

AI的話題中經常出現**「技術奇點」**。這個詞翻自**「Singularity」**，意指與人類相同程度的AI開始急速進化的轉捩點。與其單純說是超越人類的時間點，不如看作具有與人類融合、一同前進的可能性。

這個詞早在1980年代就用於機器可能為人類、社會帶來巨大變革的籠統思維中，後來由**美國發明家雷蒙德·庫茲維爾（Raymond Kurzweil）在其著作中重新定義**。他將技術奇點**定義為「人類的智能與人工智慧融合的時間點」**。AI的智能達到與人類相同程度，能夠替代人類行動、工作等或者跟人類協同合作，社會將為之一變。

這樣的動向意味，AI將會滲透我們人類的各種生活場面，相互改變本質。

然後，在這個時期，庫茲維爾**預言在2029年，AI將超越人類的智能，並在2045年與人類融合**。有人認為該形式是大腦能夠直接連接AI、網路，人類將迎來新的局面，也有人像**理論物理學家史蒂芬·霍金（Stephen Hawking）抱持人類將被超越的強烈危機感**，每個人的反應各有不同。

假設技術奇點真的發生，AI可能會以全新的方法帶領人類進化。然而，就現階段來看，我們並不曉得未來將會如何。

什麼是技術奇點？

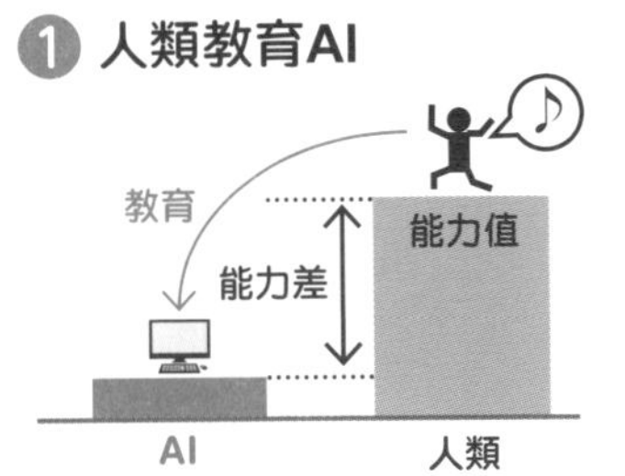

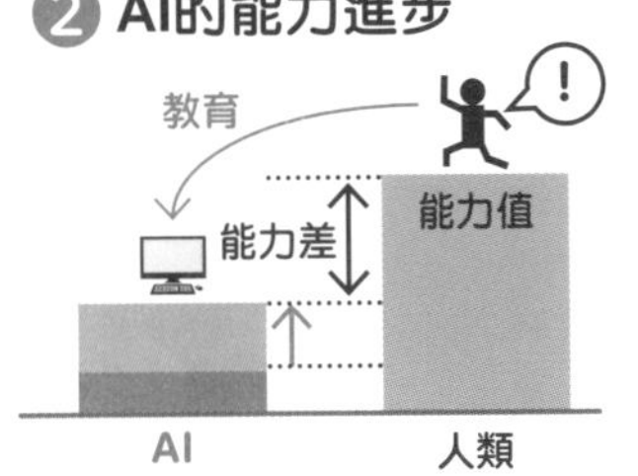

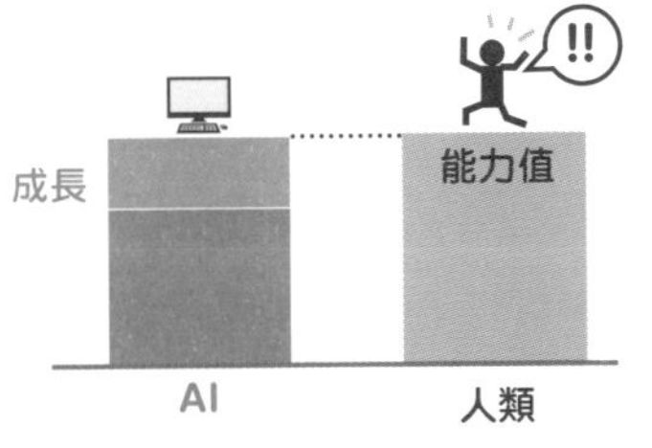

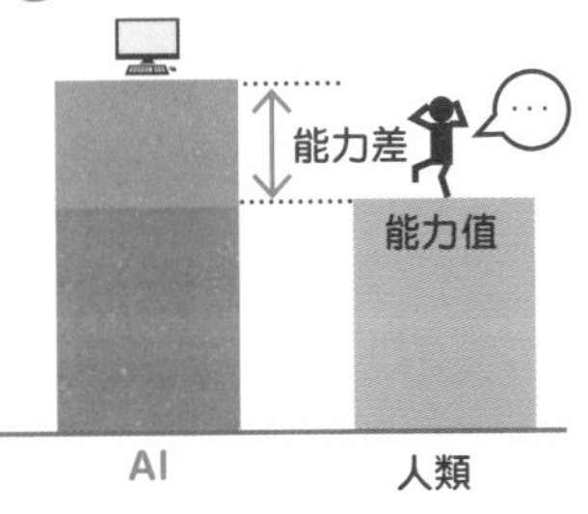

技術奇點發生後將會如何？

雷蒙德・庫茲維爾　　史蒂芬・霍金

可能以全新的方法帶領人類進化

ＡＩ與科技的最終決定權

任何事都該由人類做出最終判斷

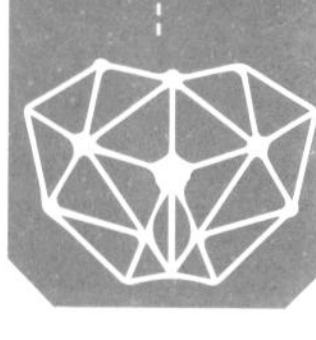

ＡＩ已經應用於醫療、汽車、金融等各大領域，並確實展現出成果，但ＡＩ就**不會有判斷失誤、失敗的時候嗎？**

關於汽車的自動駕駛，雖然原因、消息不相同，但特斯拉公司和Uber Technology的自駕車分別在２０１６年、２０１８年引起死亡事故。兩者皆是在美國測試行駛時發生意外，而且車內當時都有駕駛員乘坐。在自動駕駛、醫療、照護等這類託付人類性命的領域，ＡＩ的判斷總是伴隨著發生死亡事故的危險性。

比如，**如果服用ＡＩ開立藥物的患者因該藥物死亡，責任該歸屬誰？**這個案例可舉出兩個問題，分別為ＡＩ系統的問題與人類社會的問題。前者是ＡＩ僅提示結果選項，怎麼抵達該結論變成黑箱作業。後者是死亡事故發生時需要探討法律上的責任歸屬，但法律並未跟上技術革新的進步速度，人們沒辦法做出適切的判斷。

因此，利用ＡＩ的時候，**必須由人類做出最終判斷**。關於開立藥物，是由醫師判斷是否採用ＡＩ的選項，所以這個案例的責任歸屬將在醫師身上。

然而，ＡＩ總有一天會脫離人手，屆時可能由ＡＩ來負責也說不定。

發生死亡事故的自動駕駛

2016年	特斯拉（Tesla）公司	與拖板車衝撞（駕駛員死亡）
2018年	Uber Technology	撞飛行人（行人死亡）

兩者都造成死亡事故

做出最終判斷的是「人類」

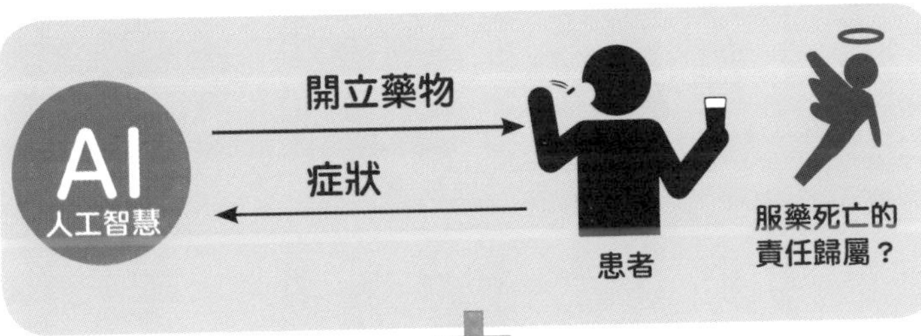

實際判斷是由醫生進行

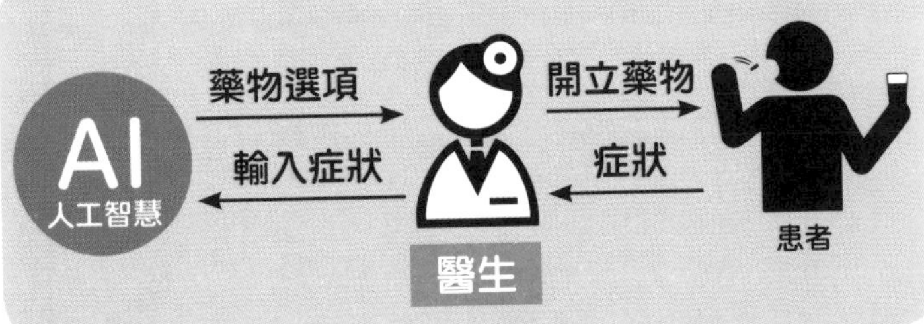

患者因服用人工智慧開立的藥物死亡時，責任歸屬為決定使用該處方的「醫生」

AI的創作物具有著作權嗎？

權利該歸屬製作AI的人還是使用AI的人？

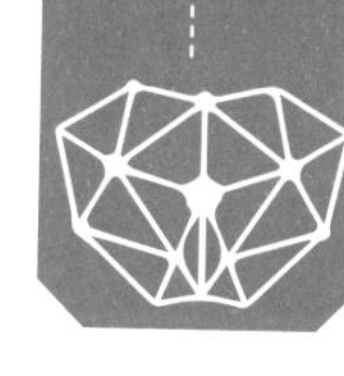

除了醫療、商業，AI也在藝術領域展現顯著的成果。由美國Microsoft、大型金融機構ING、荷蘭台夫特理工大學（Delft University of Technology）等組成的共同團隊，**使用臉部辨識、深度學習等分析**2016年17世紀畫家林布蘭（Rembrandt）的畫風，**成功以3D列印畫出新作**。將林布蘭346件作品**置入3D掃描機，以像素單位解析圖像**，透過深度學習讓AI學習繪畫主題、構圖、服裝特徵等。AI的作畫可在「The Next Rembrandt」（https://www.nextrembrandt.com/）閱覽。

除此之外，AI也能運用在創作音樂、漫畫、小說等方面。這樣會產生一個疑慮：**「AI作品的權利應該歸屬誰？」**屬於人工智慧本身還是創造該AI的人呢？

就結論來說，現階段不承認AI單獨創作的作品具有著作權。根據日本內閣府智慧財產戰略本部的「2017年智慧財產推動計畫」，將創作過程未經人手的作品歸為AI自律生產的「AI創作物」，**在現行的著作權法上不承認為著作物**。因為現行的著作權制度，是以「人類」創作為前提。AI能夠不休息地創作，未來將會充滿AI的作品，若是保護其作品，可能會侵害到人們利用作品的自由。不過，將來可能改定著作權法，法律規定或許會跟現在不一樣。

在藝術領域也交出成果的AI

AI也在繪畫、漫畫、小說等藝術領域活躍

AI的作品具有著作權嗎？

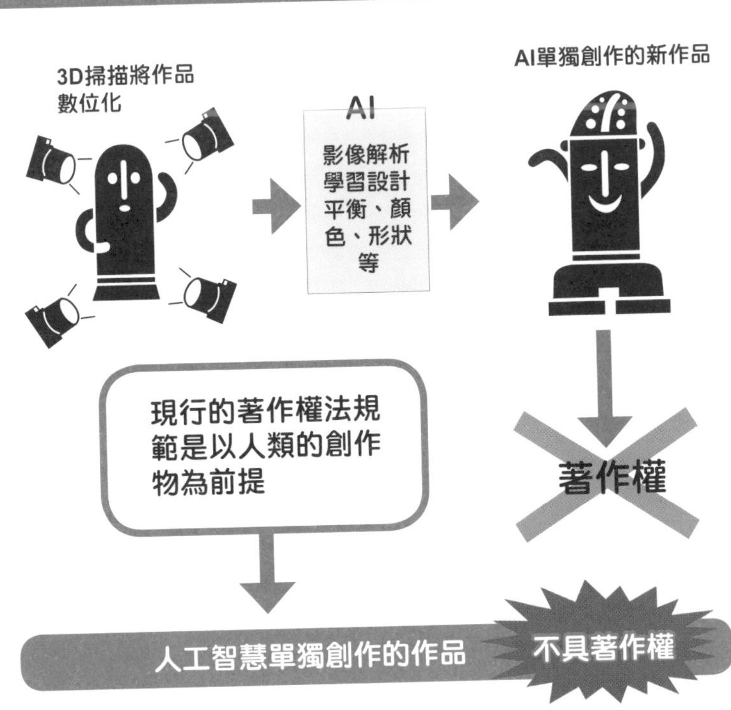

人工智慧單獨創作的作品 不具著作權

大數據的收集能夠保護個人資訊嗎？

人的行動被監視、管理的危險性

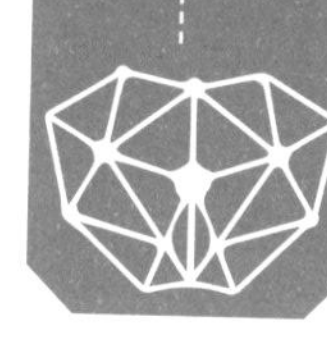

假設A先生有某慢性病，在就職活動上應徵B企業。B企業讓人工智慧調查A先生的健康資料，判斷「A先生具有慢性病，五年內罹患重大疾病的可能性超過80%」，因此B企業決定不告知A先生因具有慢性病而不錄取。此時，A先生可以說在本人不知情下，蒙受了不當的差別待遇。

第二個是，在推測的私密個人資料不正確的情況下，因相關個資蒙受不當差別待遇的責任歸屬。第三個是，持有個人資料的我們，並不清楚有這樣的危險性。

企業每天都從網路收集龐大複雜的**大數據**，讓AI解析進而活用於商業等方面。最近，除了**出現在市場買賣大數據的業界團體**，能夠委託保管與個人資訊相關的IT資料，對其他事業者等提供資訊的**「資訊銀行」制度也漸趨完整**，個人資訊比過去更具有商品價值。這樣一來，個人資料能夠保護到什麼程度呢？

關於個人資料保護，目前存在三個問題。第一個是，**具有在本人不知道的情況下，蒙受差別待遇、損失利益的危險性**。隨著AI性能與大數據解析精度的提升，AI**能夠高精確地從已知的個人資訊推測私密的個人資訊（慢性病、年收入、嗜好、宗教等）**，再根據推測的私密個人資料**預測未來的行動、風險**。

什麼是資訊銀行？

提供資訊

資訊銀行

企業

便利

提供個人資料

便利

優惠券、點數、現金等

消費者

大數據的危險性

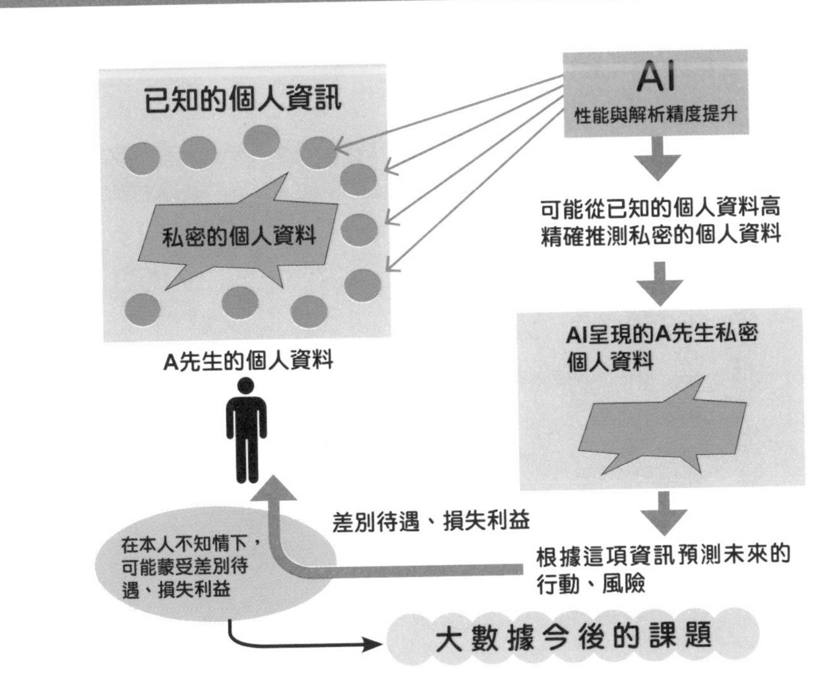

第4章

自動化帶給人類的好處與壞處

在AI自動化的社會上容易生存嗎？

隨著電腦的處理速度提升，以及AI、機器人帶來的業務自動化技術，專家指出各種業務未來將轉為自動化。由AI撰寫報導、在網路電商向閱覽者顯示推薦商品、透過圖像辨識揀貨商品等，目前已有人工智慧提升業務效率的成果。

能夠透過AI自動化的工作有，受過某種程度訓練就能勝任的重複性作業，如輸入帳目、作成定型文件等的一般事務；檢查、計算經費等的會計事務；單純組裝等的生產工程。技術革新造成的人才流動，相似於1990年代電腦普及後，過去的代筆業、打字員、速記等工作式微，而電腦軟體操作員等工作大幅增加的情況，但這次的演進可能更加激烈。

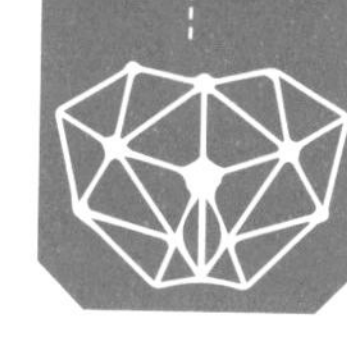

推進AI、機器人的自動化後，首先明顯浮現出的問題是**「AI落差」**。導入AI的企業能夠大幅縮減人力、提升效率，但因預算不足未能導入的企業，就只能維持低效率的工作模式。

接著是達成節省人力、提高效率的企業間競爭，勝出者獲得較高的收益，能夠繼續開發、投入新型的AI——可以想見經濟、資訊、AI落差將會進一步擴大差距。

不過，重要的是，**無論在哪個時代，能夠因應變化產生新價值的工作是不會消失的**。我們必須加強AI做不到的事情，摸索新型態的工作模式。

AI、AI機器人的自動化

撰寫報導

顯示推薦商品

辨識圖像

一般事務

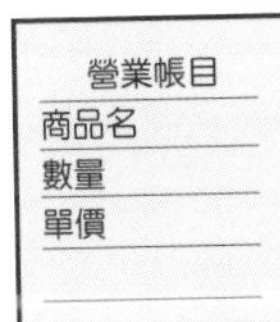

會計事務

簡單的組裝

AI擅長固定的重複性工作

什麼是AI落差？

企業名	人工智慧的導入	營業額	效率
A公司	○	↗	↗
B公司	✕	↘	↘

人工智慧的導入將會影響營業額、勞動效率等，擴大企業之間的差距

AI如何與人類共存？

100年後人類將如何生存？

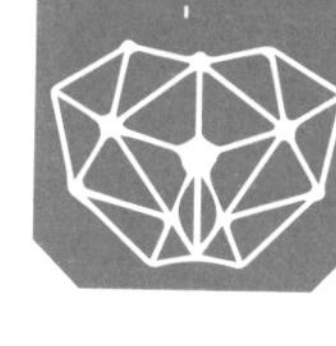

未來，我們的日常生活將會與AI、機器人們密切相關。到時，我們應該如何與它們相處呢？

在科幻電影、動畫等作品，描寫了機器人叛變或者支配人類等人類與機器人敵對的世界。現實世界中，美國的軍事用機器人、俄羅斯的無人AI兵器等也正在研究開發。

然而，**現階段的機器人到底是便利的「工具」**，是好是壞取決於人類怎麼使用。如同原子小金剛的萬能機器人目前還難以實現，日常生活上會繼續活用強化單一機能的掃地、保全機器人吧。另外，藉由人類與機器人截長補短，比如固定的勞力或勞心的工作對人類來說困難且耗費成本，但機器人能夠活用長處——處理龐大資料、勞力活、長時間勞務等工作，會比較有可能順利地導入社會。

這邊的重點在於，即便現在機能尚嫌不足，**仍要在日常生活中使用，從中學習、改善問題點來更新**——透過反覆這樣的步驟，**讓機器人持續進化**。然後，機器人的學習結果會與人類想出適當的改善方法相互碰撞，以更好的形式進化下去。

此外，藉由融入日常生活築起與機器人的信賴關係，也是很重要的事情。因為我們未來即將迎接「與機器人一同生活的社會」。

AI、機器人是便利的工具

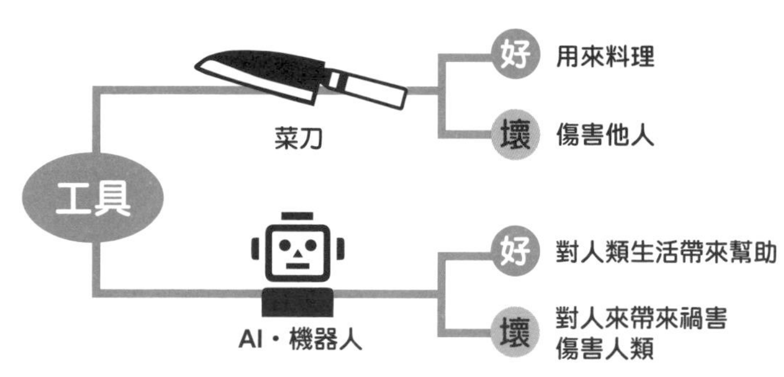

AI、機器人是好是壞取決於人類怎麼使用

AI、機器人在日常生活中進化

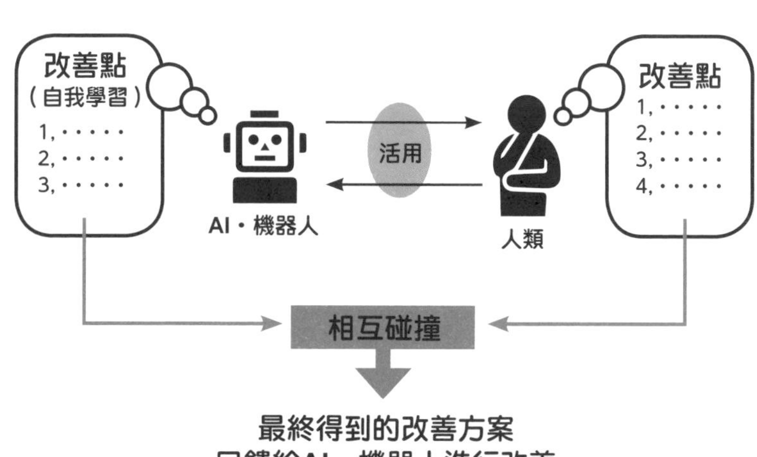

最終得到的改善方案
回饋給AI、機器人進行改善

透過活用於人類社會當中，AI、機器人朝向
更好的方向進化

AI、科技能夠改變的人類未來

科技會持續進化到什麼程度？

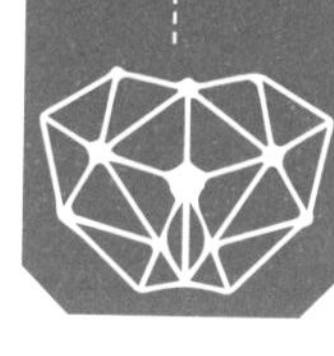

人類自古就會發明工具、技術來擴展自己做得到的事情，此能力也影響了人類的文化、社會以及人類本身。

科技進化開始加速始於**150年前左右的工業革命**，出現**蒸氣火車**、**汽車**、**飛機**，1940年代開發了**巨大電腦**，到了現在電腦變成能夠一手掌握的**智慧型手機**，支持著我們每天的生活。那麼，AI、機器人變得理所當然的未來生活會是什麼樣貌呢？

如同網際網路、智慧型手機、**iPS細胞（誘導性多功能幹細胞）**等，陸續出現讓我們生活為之一變的技術，由此可知未來是多麼難以預測。然而，人類的工作將由AI或者機器人取代、工作被奪走後該如何是好，已經出現諸如此類的議論，這意味著現在正隨著未來的預測逐漸改變。

AI、機器人做不到的事情——自主性思考行動、柔軟思考與直覺、與他人的溝通交流等，透過這些培養創意、創新變得愈發重要。

若說AI、機器人是「模仿人類大腦、身體的構造」，那麼**面對AI就相當於面對「人類」**吧。

思考AI、機器人的未來這件事，或許應該從重新審視人類開始。

加速進化的人類技術

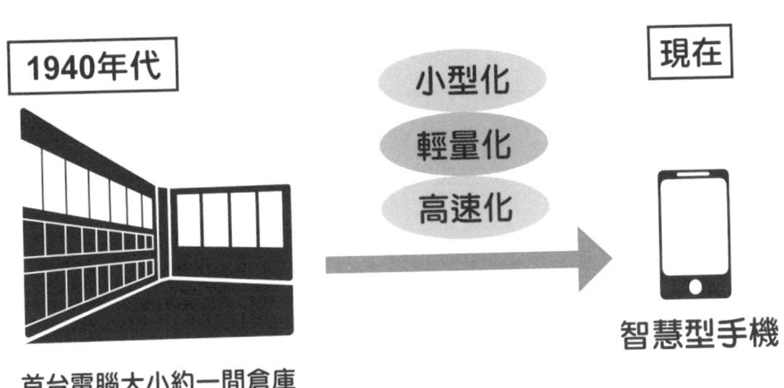

人類的技術不斷加速進化

人工智慧、機器人的未來

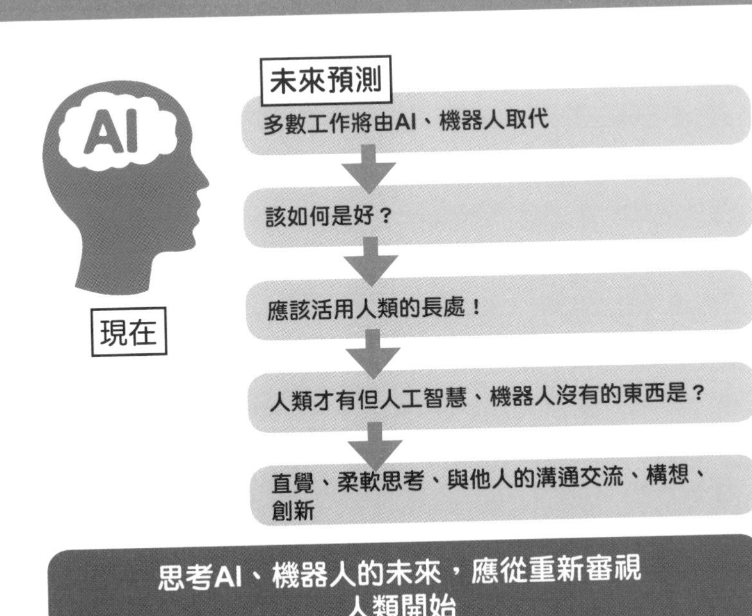

思考AI、機器人的未來，應從重新審視人類開始

Note

Note

Note

國家圖書館出版品預行編目資料

零基礎AI入門書：看圖就懂的AI應用實作/ 三宅陽一郎監修；衛宮紘譯. -- 初版. -- 新北市：世茂, 2020.01
面； 公分. -- (科學視界；242)
ISBN 978-986-5408-13-8(平裝)

1.人工智慧

312.83 108018589

科學視界242

零基礎AI入門書：看圖就懂的AI應用實作

監　　修／三宅陽一郎
譯　　者／衛宮紘
主　　編／楊鈺儀
編　　輯／陳怡君
封面設計／LEE
出 版 者／世茂出版有限公司
地　　址／(231)新北市新店區民生路19號5樓
電　　話／(02)2218-3277
傳　　真／(02)2218-3239（訂書專線）、(02)2218-7539
劃撥帳號／19911841
戶　　名／世茂出版有限公司　單次郵購總金額未滿500元（含），請加80元掛號費
世茂網站／www.coolbooks.com.tw
排版製版／辰皓國際出版製作有限公司
印　　刷／傳興彩色印刷有限公司
初版一刷／2020年1月
　　三刷／2023年3月

ＩＳＢＮ／978-986-5408-13-8
定　　價／320元

"NEMURENAKUNARUHODO OMOSHIROI ZUKAI AI TO TECHNOLOGY NO HANASHI"
supervised by Youichiro Miyake

First published in Japan by NIHONBUNGEISHA Co., Ltd., Tokyo

This Traditional Chinese edition is published by arrangement with NIHONBUNGEISHA Co., Ltd., Tokyo in care of Tuttle-Mori Agency, Inc., Tokyo through AMANN CO., LTD., Taipei.